现代化肥农药
减施增效技术

全国农业技术推广服务中心 ◎ 主编

中国农业出版社
农村设物出版社
北　京

图书在版编目（CIP）数据

现代化肥农药减施增效技术 / 全国农业技术推广服务中心主编. —北京：中国农业出版社，2019.12（2020.12 重印）
（农家书屋助乡村振兴丛书）
ISBN 978-7-109-26409-0

Ⅰ.①现… Ⅱ.①全… Ⅲ.①施肥②农药施用 Ⅳ.①S147.2②S48

中国版本图书馆 CIP 数据核字（2019）第 279166 号

中国农业出版社出版
地址：北京市朝阳区麦子店街 18 号楼
邮编：100125
责任编辑：国　圆　　文字编辑：宫晓晨
版式设计：杜　然　　责任校对：刘丽香
印刷：北京中兴印刷有限公司
版次：2019 年 12 月第 1 版
印次：2020 年 12 月北京第 5 次印刷
发行：新华书店北京发行所
开本：880mm×1230mm　1/32
印张：5
字数：150 千字
定价：25.00 元

编 者 名 单

马　旭　马　明　马宏卫　王　健　王文凯
王东霞　王迎男　王国华　历春萌　牛建国
牛建彪　尹学红　李占武　李传龙　杨　森
杨建平　吴永斌　邱春莲　邹高华　刘　敏
曹进军　牛建群

CONTENTS 目录

第一章 化肥农药减施增效概述

第一节　基础知识

一、化肥与农药的定义

化肥：化学肥料的简称，用化学和（或）物理方法人工制成的含有一种或几种农作物生长需要的营养元素的肥料。化肥一般是无机物，虽然尿素等是有机物，但习惯上将其称作无机肥料。一切有机肥料所含的养分都是原来已经在农业循环之内的养分。而化学肥料可以增加农业循环中养分的总量。

农药：是指用于预防、消灭或者控制危害农业、林业的病、虫、草和其他有害生物，以及有目的地调节植物、昆虫生长的化学合成的或者来源于生物、其他天然物质的一种物质或者几种物质的混合物及其制剂。

二、化肥与农药在农业生产中的作用

1. 化肥在农业生产中的作用

化肥是农业生产和科学实践发展到一定阶段的必然产物。农业生产发展的实践证明，充分和合理使用化学肥料是促进农作物

增产，加速农业发展的一条行之有效的途径。化肥必须在合理施用的前提下才能充分发挥其在农业生产中的作用，否则还有可能产生副作用。

（1）增加作物产量。据联合国粮食及农业组织（FAO）统计，在1950—1970年的20年中，世界粮食总产量增加近1倍，其中因谷物播种面积增加10 600万公顷所增加的产量占22%；由于单位面积产量提高所增加的产量占78%。而在各项增产因素中，西方及日本科学家一致认为，增施化肥要起到40%～65%的作用。

（2）提高土壤肥力。国内外10年以上的长期肥效试验结果证明，连续地、系统地施用化肥都将对土壤肥力产生积极的影响。每年每季投入农田的化肥，一方面直接提高土壤的供肥水平，供应作物所需的养分；另一方面，在当季作物收获后，将有相当大比例的养分残留于土壤，尽管其残留部分可能会经由不同途径继续损失，但其大部分仍留在土壤中，或被土壤吸持，或参与土壤有机质和微生物的组成，进而均可被第二季、第二年以及以后种植的作物持续利用。这就是易被人们忽视的化肥后效。而且如连续多年合理施用化肥，其后效将叠加，土壤有效养分持续增加，作物单产不断提高，使耕地的肥力不但能保持，而且将越种越肥。化肥连续后效使土壤生产力不断提高的一个重要证据是，一个地区不同阶段的同一种作物，在当季不施肥条件下，其单位面积产量能呈现不断增加的趋势。

（3）发挥良种潜力。现代作物育种的一个基本目标是培育能吸收和利用更多肥料养分的作物新品种，以增加产量，改善品质。因此，高产品种可以认为是能高效利用肥料的品种。肥料投入水平成为良种良法栽培的一项核心指标。

（4）补偿耕地不足。在农业生产中增施化肥，实质上与扩大耕地面积的效果相似。

2. 农药在农业生产中的作用

随着科学技术的发展，无疑会产生许多用于防治农作物病虫草鼠害的新技术，例如生物防治、抗虫基因导入、绿色农业及有机农业等不使用农药的技术，但没有一种可以完全取代农药。20 世纪许多发达国家曾尝试不使用农药，全靠自然调控的措施来保护作物，结果损失惨重。据美国农业部资料，美国一旦停止使用农药，将导致作物产品的产量降低 30%，农产品的价格提高50%～75%。

农药在农业生产中的作用是巨大的，使用农药是目前防治农作物病虫草鼠害最有效和不可替代的方法。“没有农药，人类将面临饥饿的危险”，没有农药，也不可能有今天的丰衣足食。可以肯定，在较长时间内，使用农药仍将是防治农作物病虫草鼠害的重要手段。

第二节　我国化肥农药使用中存在的问题

化肥和农药是保障国家粮食安全和主要农产品有效供给不可替代的投入品，2015 年我国以占世界 7%的耕地面积，投入了超过世界总量 33%的化肥农药。因此，解决我国化肥农药过量施用带来的生态环境污染、农产品质量安全风险提高、耕地质量下降、生物多样性破坏、农产品生产成本持续升高等问题已成为关注重点。

一、我国化肥使用中存在的问题

1. 单位面积施用量偏高

2015 年，我国农作物平均每亩*化肥用量 21.9 千克，远高于世界平均水平（每亩 8 千克），是美国的 2.6 倍，欧盟的 2.5 倍。

2. 施肥不均衡现象突出

东部经济发达地区、长江下游地区和城市郊区施肥量偏高，蔬菜、果树等附加值较高的园艺作物过量施肥的现象比较普遍。

3. 有机肥资源利用率低

2015 年，我国有机肥资源总养分 7 000 多万吨，实际利用不足 40%。其中，畜禽粪便养分还田率为 50%左右，农作物秸秆养分还田率为 35%左右。

4. 施肥结构不平衡

重化肥、轻有机肥，重大量元素肥料、轻中微量元素肥料，重氮肥、轻磷钾肥的“三重三轻”问题突出。传统人工施肥方式仍然占主导地位，化肥撒施、表施现象比较普遍。2015 年，机械施肥面积仅占主要农作物种植面积的 30%左右。

二、我国农药使用中存在的问题

1. 安全使用农药意识差

主要表现在四个方面。一是在选购农药时，只注重农药防治

---

* 亩为非法定计量单位，1 亩=1/15 公顷。——编者注

效果，而不考虑农药的毒性。在选购农药时，首先考虑农药毒性的农民在接受调查的农民中只占少数，而优先考虑防治效果的农民占大多数。二是使用者自身安全意识差。大多数农民在配药、喷施农药过程中不采取任何安全防护措施，如戴手套、戴口罩、穿长袖衣裤等，药械渗漏也不及时检修。三是对他人安全意识差。在农作物施用农药的选择上，不是从安全食用的角度出发，更多的是考虑经济利益。有调查发现有机磷农药几乎在所有的农作物上都有使用，甚至一些地区的农民不但在果树、蔬菜上使用甲胺磷、对硫磷等高毒农药，而且施药时间距采摘期很近。另外，农药随处存放，有的甚至将农药与粮食或食物混放在一起，这就难免时有中毒事件发生。四是环保意识差。大多数农户将空药瓶或包装物随手扔掉，剩余药液被随处乱倒，致使环境污染严重。

2. 缺乏对农产品农药残留量的认识

大多数农户对农药残留超标的危害性缺乏认识，甚至不知道农药残留超标会对人体健康造成危害。有调查显示，70%以上的农户不知道收获的农产品农药残留量超标会对人体造成危害。有些农户为了达到好的防治效果，盲目地增加施药次数和施药量，特别是保护地蔬菜生产中更为严重，甚至使用国家严禁在蔬菜上使用的高毒、剧毒农药，如甲胺磷、甲拌磷、氧乐果、对硫磷等。有的为了赶市场和行情，随意采收现象更为普遍，甚至头天打药，第二天就采收上市。

3. 农药过量使用污染环境，影响生态环境安全

由于目前病虫草害主要依赖化学防治，农药过量使用的问题严重，加之我国农药平均利用率较低，如 2015 年我国农药平均利用率仅为35%，大部分农药通过径流、渗漏、飘移等途径流失，污染土壤、水环境，影响农田生态环境安全。

因此，为降低农产品生产成本，解决农产品农药残留超标、作物药害、环境污染等问题，急需推进农业发展方式转变，有效控制农药使用量，保障农业生产安全、农产品质量安全和生态环境安全，促进农业可持续发展。

第三节　化肥农药减施增效的意义

化肥施用不合理问题与我国粮食增产压力大、耕地基础地力低、耕地利用强度高、农户生产规模小等相关，也与肥料生产经营脱离农业需求、肥料品种结构不合理、施肥技术落后、肥料管理制度不健全等相关。过量施肥、盲目施肥不仅增加农业生产成本、浪费资源，也造成耕地土壤板结、土壤酸化。实施化肥使用量零增长行动，是推进农业“转方式、调结构”的重大措施，也是促进节本增效、节能减排的现实需要，对保障国家粮食安全、农产品质量安全和农业生态安全具有十分重要的意义。

农药是重要的农业生产资料，对防病治虫、促进粮食和农业稳产高产至关重要。但由于农药使用量较大，加之施药方法不够科学，带来生产成本增加、农产品农药残留超标、作物药害、环境污染等问题。实施农药使用量零增长行动，对推进农业发展方式转变，有效控制农药使用量，保障农业生产安全、农产品质量安全和生态环境安全，促进农业可持续发展有着重要的意义。

第四节 化肥农药减施增效技术路径和区域重点

一、化肥减施增效技术路径和区域重点

1. 技术路径

以保障国家粮食安全和重要农产品有效供给为目标，牢固树立“增产施肥、经济施肥、环保施肥”理念，依靠科技进步，依托新型经营主体和专业化农化服务组织，集中连片整体实施，加快转变施肥方式，深入推进科学施肥，大力开展耕地质量保护与提升，增加有机肥资源利用，减少不合理化肥投入，加强宣传培训和肥料使用管理，走高产高效、优质环保、可持续发展之路，促进粮食增产、农民增收，维护生态环境安全。

化肥减施增效的技术路径可总结为“精、调、改、替。”

（1）精，即推进精准施肥。根据不同区域土壤条件、作物产量潜力和养分综合管理要求，合理制定各区域、作物单位面积施肥限量标准，减少盲目施肥行为。

（2）调，即调整化肥使用结构。优化氮、磷、钾配比，促进大量元素与中微量元素配合。适应现代农业发展需要，引导肥料产品优化升级，大力推广高效新型肥料。

（3）改，即改进施肥方式。大力推广测土配方施肥，提高农民科学施肥意识和技能。研发推广适用施肥设备，改表施、撒施为机械深施、水肥一体化、叶面喷施等方式。

（4）替，即有机肥替代化肥。通过合理利用有机养分资源，用有机肥替代部分化肥，实现有机无机相结合。提升耕地基础地

力，用耕地内在养分替代外来化肥养分投入。

2. 区域重点

（1）东北地区。施肥原则：控氮、减磷、稳钾，补锌、硼、铁、钼等微量元素。主要措施：结合深松整地和保护性耕作，加大秸秆还田力度，增施有机肥；适宜区域实行大豆、玉米合理轮作，在大豆、花生等作物生产中推广使用根瘤菌；推广化肥机械深施技术，适时适量追肥；在干旱地区玉米生产中推广高效缓释肥料和水肥一体化技术。

（2）黄淮海地区。施肥原则：减氮、控磷、稳钾，补充硫、锌、铁、锰、硼等中微量元素。主要措施：周期性深耕深松和保护性耕作，实施小麦、玉米秸秆还田，推广配方肥，增施有机肥，推广玉米种肥同播，棉花机械追肥，注重小麦水肥耦合，推广氮肥后移和“一喷三防”技术（即在小麦生长后期，使用杀虫剂、杀菌剂、植物生长调节剂、叶面肥、微肥等混配剂喷雾，一次施药达到防病虫害、防干热风、防倒伏的目的）；蔬菜、果树注重有机肥与无机肥配合，有效控制氮磷肥用量；设施农业应用秸秆和调理剂等改良盐渍化土壤，推广水肥一体化技术；使用石灰等调理剂改良酸化土壤，发展果园绿肥。

（3）长江中下游地区。施肥原则：减氮、控磷、稳钾，配合施用硫、锌、硼等中微量元素。主要措施：推广秸秆还田技术，推广配方肥，增施有机肥，恢复发展冬闲田绿肥，推广果茶园绿肥；利用钙镁磷肥、石灰、硅钙等碱性调理剂改良酸化土壤，推广高效经济园艺作物水肥一体化技术。

（4）华南地区。施肥原则：减氮、稳磷、稳钾，配合施用钙、镁、锌、硼等中微量元素。主要措施：推广秸秆还田技术，推广配方肥，增施有机肥，适宜区域恢复发展冬闲田绿肥种植；注重利用钙镁磷肥、石灰、硅钙等碱性调理剂改良酸化土壤；注重施肥技术与轻简栽培技术结合，高效经济园艺作物推广水肥一体化技术。

(5) 西南地区。施肥原则：稳氮、调磷、补钾，配合施用硼、钼、镁、硫、锌、钙等中微量元素。主要措施：推广秸秆还田技术，注重沼肥、畜禽粪便合理利用，恢复发展冬闲田绿肥种植；推广配方肥，增施有机肥，注重利用钙镁磷肥、石灰、硅钙等碱性调理剂改良酸化土壤，山地高效经济作物推广水肥一体化技术。

(6) 西北地区。施肥原则：统筹水肥资源，以水定肥、以肥调水，稳氮、稳磷、调钾，配合施用锌、硼等中微量元素。主要措施：配合覆膜种植推广高效缓释肥料，实施保护性耕作，推广秸秆还田技术，推广配方肥，增施有机肥；在棉花、果树、马铃薯等作物生产中推广膜下滴灌、水肥一体化等高效节水灌溉技术；结合工程措施利用石膏等调理剂改良盐碱地。

二、农药减施增效技术路径和区域重点

1. 技术路径

根据病虫害发生危害的特点和预防控制的实际，坚持综合治理、标本兼治，重点在“控、替、精、统”四个字上下功夫。

(1) 控，即控制病虫发生危害。应用农业防治、生物防治、物理防治等绿色防控技术，创建有利于作物生长、天敌保护而不利于病虫害发生的环境条件，预防控制病虫发生，从而达到少用药的目的。

（2）替，即用高效低毒低残留农药替代高毒高残留农药，用大中型高效药械替代小型低效药械。大力推广应用生物农药、高效低毒低残留农药，替代高毒高残留农药。开发应用现代植保机械，替代“跑冒滴漏”落后机械，减少农药流失和浪费。

（3）精，即推行精准科学施药。重点是对症适时适量施药。在准确诊断病虫害并明确其抗药性水平的基础上，配方选药，对症用药，避免乱用药。根据病虫监测预报，坚持达标防治，适期用药。按照农药使用说明要求的剂量和次数施药，避免盲目加大施用剂量、增加使用次数。

（4）统，即推行病虫害统防统治。扶持病虫防治专业化服务组织、新型农业经营主体，大规模开展专业化统防统治，推行植保机械与农艺配套，提高防治效率、效果和效益，解决一家一户“打药难”“乱打药”等问题。

2. 区域重点

突出小麦、水稻、玉米、马铃薯、蔬菜、水果、茶叶等主要作物，实施分类指导、分区推进。

（1）东北地区。包括辽宁、吉林、黑龙江及内蒙古东部的赤峰市、通辽市、呼伦贝尔市和兴安盟，为水稻、玉米、马铃薯、大豆等粮油作物一季种植区。该区域是玉米螟常年重发区，稻瘟病、玉米大斑病和马铃薯晚疫病高风险流行区，黏虫和草地螟间歇暴发区，蝗虫偶发危害区。重点推广玉米螟生物防治、生物农药预防稻瘟病等绿色防控措施，发展大型高效施药机械和飞机航化作业。

（2）黄淮海地区。包括北京、天津、河北、河南、山东及安徽与江苏淮北地区、山西与陕西中南部地区，为小麦、夏玉米轮作区。该区域是小麦穗期蚜虫、吸浆虫、玉米螟常年重发区，东亚飞蝗、黏虫常年发生区，小麦条锈病、赤霉病扩展流行区，以及玉米二点委夜蛾突发危害区。重点推行绿色防控与化学防治相结合、专业化统防统治与群防群治相结合、地面高效施药机械与飞机航化作业相结合的措施，大力推广蝗虫生物防治、药剂拌种、秸秆粉碎还田等技术。

（3）长江中下游地区。包括上海、浙江、江西及江苏、安徽、湖北、湖南大部，为稻麦、稻油轮作区，也是柑橘、茶、蔬菜等优势产区。该区域是水稻“两迁”害虫（稻飞虱、稻纵卷叶螟）、小麦赤霉病、稻瘟病、柑橘黄龙病等病虫多发重发区。重点推行专业化统防统治，促进统防统治与绿色防控融合发展，实施综合治理。柑橘、茶叶、蔬菜作物上推行“四诱”（灯诱、性诱、色诱、食诱）措施，优先选用生物农药或高效低毒低残留农药。

（4）华南地区。包括福建、广东、广西、海南等4个省份，为双季稻种植区，也是水果、茶叶、甘蔗等优势产区和重要的冬季蔬菜生产基地。该区域是常年境外“两迁”害虫迁入我国的主降区，也是稻瘟病、南方水稻黑条矮缩病、柑橘黄龙病、小菜蛾、豆荚螟、甘蔗螟虫等多种病虫易发重发区。重点推行绿色防控与统防统治融合发展。水果、冬季蔬菜及茶叶生产基地重点推广灯诱、色诱、性诱、生态调控和生物防治措施。

（5）西南地区。包括重庆、四川、贵州、云南及湖北、湖南西部，为稻麦（油）两熟区、春播马铃薯主产区，也是水果、蔬菜及茶叶优势产区。该区域是小麦条锈病冬繁区，南部也是稻飞虱境外虫源初始迁入主降区，丘陵山区气候条件也非常适宜稻瘟病等多种病虫发生流行。重点培育病虫防治专业化服务组织，提高防控组织化程度，推行精准施药和绿色防控。水果、蔬菜及茶叶等重点推广“四诱”和生物防治等绿色防控技术。

（6）西北地区。包括陕西、甘肃、宁夏、新疆和山西中北部及内蒙古中西部地区，为马铃薯、春玉米、小麦、棉花等作物一季种植区，也是苹果、葡萄等优势产区。该区域是小麦条锈病主要越夏源头区，棉铃虫、草地螟和马铃薯晚疫病等重大病虫常年重发区。重点推行绿色防控措施，最大限度降低化学农药使用量。其中，小麦条锈病源头区推行退麦改种、药剂拌种等措施，减少大面积防治次数和外传菌源。

（7）青藏地区。包括西藏、青海及四川西北部，以牧业为主，种植业占比较小，病虫发生种类较少，危害程度较轻。该区域重点推行以生物防治、生态调控为主的绿色防控措施。

第二章
粮食作物化肥农药减施增效技术

第一节　小麦化肥农药减施增效技术

一、华北冬小麦减肥增效施肥技术

（一）技术概述

限定普通小麦、优质强筋小麦、优质弱筋小麦播前施肥量、出苗—越冬期施肥量、返青—拔节期施肥量、孕穗—成熟期施肥量，以及施肥方式、施肥品种，解决用肥不均、用肥过多问题。通过调整配方以及基肥与追肥比例，因土、因地、因品种施肥等措施，亩均减少肥料用量1.5千克左右，改善优质强筋、弱筋小麦品质。

（二）适用范围

分别适用于河南省冬小麦豫北高产麦区、豫东及豫北沿黄中高产麦区、豫中南中高产麦区、豫西南中低产麦区、岗岭雨养旱作麦区、沿淮低产麦区的普通小麦及优质强筋小麦、优质弱筋小麦。

（三）技术措施

1. 播前施肥

小麦播前施肥指的是小麦基肥的施用，为小麦全生育期生长提供良好的营养环境，确保小麦苗全、苗匀和苗壮。

（1）普通小麦。

①豫北高产麦区。该区主要包括新乡市西北部、焦作市、鹤壁市、安阳市大部及濮阳市北部，农业基础设施条件较好，土壤类型主要为潮土和褐土，区域基肥大配方为18－18－9（N－P_2O_5－K_2O，下同）或相近配方（以养分含量45%为例，下同）。一般亩产600千克以下的麦田，基肥用量为40～45千克/亩（实物用量，下同）；亩产600千克以上的麦田，基肥用量为45～50千克/亩。

②豫东及豫北沿黄中高产麦区。该区主要包括开封市、周口市、商丘市、郑州市东部，以及原阳、延津、封丘、长垣、濮阳、范县、台前等沿黄地区，主要土壤类型为潮土和砂姜黑土，区域基肥大配方为22－15－8或相近配方。一般亩产450千克以下的麦田，基肥用量为35～40千克/亩；亩产450～550千克的麦田，基肥用量为40～50千克/亩。

③豫中南中高产麦区。该区主要包括许昌市、平顶山市东部、漯河市、驻马店市等黄河以南、淮河以北的广大28化肥减量增效技术模式麦区，主要土壤类型为潮土、褐土、黄褐土和砂姜黑土，区域基肥大配方为18－15－12或相近配方。一般亩产低于450千克的麦田，基肥用量为40～45千克/亩；亩产450～550千克的麦田，基肥用量为45～50千克/亩。

④豫西南中低产麦区。该区主要包括南阳市、平顶山市部分

地区，主要土壤类型为黄褐土和砂姜黑土，土壤黏重、肥力偏低，耕作粗放，生产条件较差，土壤普遍缺钾，区域基肥大配方为 19－13－13 或相近配方。一般亩产低于 400 千克的麦田，基肥用量为 40～45 千克/亩；亩产 450～550 千克的麦田，基肥用量为 45～50 千克/亩。

⑤岗岭雨养旱作麦区。该区主要包括洛阳市、三门峡市、济源市全部，安阳市、新乡市、鹤壁市、郑州市、平顶山市部分地区，属于丘陵山区，主要土壤类型为褐土和红黏土，土壤肥力偏低，土壤含钾较丰富，无灌溉条件是限制肥效发挥的主要因子，施肥多为一次性基施，区域大配方为 25－15－5 或相近配方。一般亩产低于 350 千克的麦田，基肥用量为 35～40 千克/亩；亩产 350～450 千克的麦田，基肥用量为 40～50 千克/亩。

⑥沿淮低产麦区。该区主要为沿淮地区，包括信阳市全部和驻马店、南阳两市南部的广大麦区。主要土壤类型为水稻土和砂姜黑土，土质黏重，耕性差，土壤普遍缺钾，施钾有明显的增产效果，区域基肥大配方为 22－13－10 或相近配方。一般亩产 350～450 千克的麦田，基肥用量为 35～40 千克/亩。

（2）优质强筋小麦。优质强筋小麦主要分布在豫北和豫中东部的中高肥力区。该区主要包括新乡市、焦作市全部，安阳市、商丘市、开封市、郑州市、周口市、许昌市部分地区，主要土壤类型为潮土、褐土、砂姜黑土等。该区域地势平坦，土层深厚肥沃，土壤质地为中壤至黏质，土壤肥力较高。生产上应在增施有机肥的基础上，适当提高氮肥用量，合理施用中量和微量元素肥料。

对于高产麦田，区域基肥大配方为 21－15－9 或相近配方。

一般亩产大于500千克的麦田，基肥用量为40～45千克/亩，硫3～5千克/亩。

对于中高产麦田，区域基肥大配方为20-15-10或相近配方。一般亩产400～500千克的麦田，基肥用量为35～40千克/亩，硫3～5千克/亩。

（3）优质弱筋小麦。优质弱筋小麦主要分布在豫南淮河两岸，属于长江流域麦区。该区主要包括信阳市和确山县、新蔡县、正阳县、桐柏县等，土壤肥力中等。生产上应在增施有机肥的基础上，适当少施氮肥，增加磷肥、钾肥的施用量。区域基肥大配方为15-16-14或相近配方。一般亩产400～550千克的麦田，基肥用量为30～40千克/亩；亩产300～400千克的麦田，基肥用量为30～40千克/亩。

（4）注意事项。

①肥料用量选择。各类麦田施肥可根据土壤供肥状况、秸秆还田水平、有机肥资源等因素，在推荐的施肥量范围内适当调整。一是连续三年秸秆还田的麦田可减施钾肥；二是同一产量水平下，肥力高的麦田可相应选用低施肥量；三是有条件的地方可每亩施农家肥15米^{3}以上，或每亩施商品有机肥100～200千克。

②肥料品种选择。由于氮素化学肥料、酸性化学肥料的长期与大量投入以及自然界的酸沉降等，河南省土壤酸化已初现端倪。河南省土壤pH为4.6～5.5的酸性土壤主要分布在河南省南部的信阳、驻马店、南阳和漯河4市，以及周口、平顶山等地的零星区域；pH小于4.5的强酸性土壤，集中分布在河南省南部的信阳、南阳、驻马店与漯河4市，尤其是黄褐土、砂姜黑土区，土壤pH背景值本就偏低，再加上人为使用硫酸亚铁或其他

酸性假冒伪劣肥料，导致局部土壤快速酸化，造成农作物减产甚至绝收。因此，酸性土壤区要在保障冬小麦养分供应的基础上，调整肥料品种结构，选用偏碱性肥料，如钙镁磷肥、石灰、碱性土壤调理剂等，调节土壤 pH；禁止基施硫酸亚铁肥料。

2. 出苗—越冬期施肥

小麦出苗—越冬期是冬小麦根系发育的重要阶段。基肥充足的麦田，一般不再追肥。而对于基肥施用不足或者质量差、叶黄苗弱、播量偏稀的麦田，以及分蘖力弱的品种、迟播的品种，应在冬前小麦分蘖前期每亩追施尿素 8～10 千克；小麦生长较弱或遭遇冻害的麦田，以叶面喷施含氨基酸、腐殖酸的有机水溶性肥料为主，调节小麦生长。

3. 返青—拔节期施肥

小麦返青—拔节期习惯上被称为小麦的春季管理阶段，主要包括小麦的返青、起身和拔节 3 个生育时期，这是小麦由营养生长向生殖生长转化的阶段，该阶段需肥水较多。肥力较低的麦田可在返青至拔节前追肥，肥力较高的麦田可延迟至拔节期追肥。

(1) 普通小麦。

①豫北高产麦区。一般亩产 500 千克以下的麦田，每亩追施尿素 9～13 千克；亩产 500～600 千克的麦田，每亩追施尿素 10～15 千克；亩产 600 千克以上的麦田，每亩追施尿素 15～20 千克。

②豫东及豫北沿黄中高产麦区。一般亩产 450 千克以下的麦田，每亩追施尿素 6～7 千克；亩产 450～550 千克的麦田，每亩追施尿素7～8 千克。

③豫中南中高产麦区。一般亩产 450 千克以下的麦田，每亩追施尿素 6～8 千克；亩产 450～550 千克的麦田，每亩追施尿素 8～9 千克。

④豫西南中低产麦区。一般亩产 400 千克以下的麦田，每亩追施尿素 5～6 千克；亩产 400～450 千克的麦田，每亩追施尿素 6～10 千克。

⑤沿淮低产麦区。一般亩产 350 千克以下的麦田，每亩追施尿素5～7 千克。

（2）优质强筋小麦。小麦亩产超过 500 千克的超高产麦田，拔节期结合灌水每亩追施尿素 15～20 千克；亩产 400～500 千克的麦田，返青—拔节期结合灌水每亩追施尿素 14～16 千克。对于早春土壤偏旱且苗情长势偏弱的麦田，可在起身—拔节期及早结合浇水进行追肥。

（3）优质弱筋小麦。高产麦田结合灌水每亩追施尿素 11～13 千克；中低产麦田结合灌水每亩追施尿素 6～9 千克。如果发生冻害应提早追肥。

4. 孕穗—成熟期施肥

小麦孕穗—成熟期（中后期）是小麦产量形成的关键时期。各地要根据小麦长势、土壤养分状况，以叶面追施为主，结合“一喷三防”，合理喷施，综合促防。

（1）普通小麦。

①中高肥力或偏旺生长麦田。以喷施磷酸二氢钾为主，每亩喷施量不低于 200 克，降低干热风的危害，提高小麦粒重。

②低肥力麦田。有针对性地选用大量元素、微量元素肥料，以及含氨基酸、含腐殖酸的有机水溶肥料，强化营养平衡，增强

光合作用，防止早衰，增加粒重，提高品质。

③晚播与基肥施用不足的麦田。视苗情与土壤供肥情况，选用喷施磷酸二氢钾或尿素或其他大量元素、微量元素肥料，以及含氨基酸、含腐殖酸的有机水溶肥料，迅速补充营养，满足正常生长发育的需要，提高结实率。

④旱作麦田。以选用具有抗旱作用的黄腐酸液肥为主，同时，结合小麦生长实际情况，喷施磷酸二氢钾或其他大量元素肥料、有机水溶肥料等营养类水溶肥料。

（2）优质强筋小麦。小麦抽穗至扬花期、灌浆中后期，每亩用2%的尿素溶液叶面喷施，以促进籽粒氮素积累，提高品质。

（3）优质弱筋小麦。在小麦抽穗前后和灌浆前期喷洒磷酸二氢钾和硼、锰等微肥。在灌浆中、后期，结合“一喷三防”，叶面喷施磷酸二氢钾，同时喷洒多种生长调节剂，利于小麦籽粒灌浆，增加淀粉含量，改善弱筋品质。

二、沿海地区小麦配方施肥技术

（一）技术概述

根据地力差减法依据斯坦福公式确定小麦氮肥施用总量。计算公式为：

施氮总量＝（目标产量×施氮区百千克籽粒吸氮量－空白区产量×无氮区百千克籽粒吸氮量）/氮肥当季利用率

根据土壤肥力、所种小麦品种产量潜力和土壤种植小麦的适宜性确定目标产量；根据近年来沿海地区小麦无氮基础地力产量试验、精确施氮试验和“3414”（即氮、磷、钾3个因素、4个水平、14个处理）试验等试验结果，聚类分析确定施氮区百千克籽粒吸氮量、空白区产量、无氮区百千克籽粒吸氮量及氮肥当季利用率。应用土壤养分丰缺法确定磷、钾肥用量。首先制定土壤养分丰缺评价标准：通过布置田间缺素试验，计算相对产量，对土壤养分含量与相对产量进行回归分析，建立回归方程，根据相对产量分级标准（≥90%高，80%～90%较高，70%～80%中，60%～70%较低，50%～60%低，<50%极低）确定土壤养分临界值，通过特尔菲法确定土壤养分丰缺评价标准。其次制定不同土壤养分丰缺水平下的施肥标准：布置最佳施肥量试验（“3414”试验）、产量与施肥量进行回归分析，确定最佳施肥量、最佳施肥量与土壤养分含量进行回归分析，建立回归方程，根据土壤养分临界值确定相对应的最佳施肥量、特尔菲法确定不同土壤养分丰缺水平下的最佳施肥量。

根据多年多点试验示范结果，应用本技术较常规施肥每亩节氮（N）1.5 千克、节磷（P_2O_5）1.0 千克，钾肥（K_2O）用量持平，施肥用工不变。同时，小麦每亩增产 2.9%左右。

（二）适用范围

江苏沿海小麦主产区。

（三）技术措施

在确定施肥总量基础上，氮肥按基肥、分蘖肥、拔节肥运筹比例为 5∶1∶4 施用，磷、钾肥均一次性作基肥施用。

1. 品种选择

以冬性及半冬性品种为主。

2. 播种时间与方法

由北向南，适播期为 10 月上中旬至 11 月下旬，以机械条播为主，每亩播种量为 8～12 千克，迟播的相应增加播种量。人工撒播的比机械条播的每亩播种量增加 2～3 千克。

3. 秸秆还田

机械化粉碎玉米或水稻秸秆还田，每亩还田量 300～500 千克。

4. 增施农家肥

有条件的地区，尽可能施用农家肥或商品有机肥料，一般每亩用腐熟农家肥 300～600 千克或商品有机肥料 150～300 千克，施用农家肥或商品有机肥料的田块相应减施化肥，按同效当量法确定。

5. 施肥参数获取

（1）氮素总量确定。根据上述原理与方法，通过试验得出中筋小麦施氮区百千克籽粒吸氮量平均为 2.9 千克（折纯，下同），无氮区百千克籽粒吸氮量 2.3 千克。中等肥力土壤无氮基础地力产量平均每亩为 260 千克，目标亩产为 450 千克，氮肥当季利用率 40%，则小麦全生育期需氮量为 17.7 千克/亩。

（2）磷、钾用量确定。根据“3414”试验得出土壤磷、钾养分丰缺指标。一般每亩施磷（P_2O_5）2.5～4.5 千克，土壤有效磷含量较高的地区（田块）施磷量（P_2O_5）1.5～3.5 千克。速效钾含量中等水平的地区（田块）可不施钾肥，缺钾地区（田块）每亩施钾（K_2O）4.5～6.0 千克。以丰缺等级为中等的田块为例，每亩施用磷肥（P_2O_5）2.0 千克、钾肥（K_2O）4.0 千克。

（3）施肥方案制定。

①氮肥运筹。根据上述计算得到的氮素施用总量，实行分期调控。一般中筋小麦采用 3～4 次施肥，运筹比例是基蘖肥：拔

节孕穗肥为 6∶4，即基肥∶壮蘖肥（或平衡肥）∶拔节肥为 5∶1∶4，或基肥∶壮蘖肥（或平衡肥）∶拔节肥∶孕穗肥为 5∶1∶2∶2。拔节肥、孕穗肥分别在倒 3 叶与倒 2 叶时施用。对于高肥力土壤，适当降低氮素施用总量，运筹比例是基肥：壮蘖肥（或平衡肥）∶拔节肥∶孕穗肥为 3∶1∶3∶3。强筋小麦运筹比例是基蘖肥∶拔节孕穗肥为 5∶5，拔节孕穗肥分两次施用，分别在倒 3 叶和倒 1 叶时均施。弱筋小麦运筹比例是基蘖肥∶拔节孕穗肥为 7∶3，拔节孕穗肥在倒 3 叶时施用。

②磷、钾肥及中微肥运筹。原则上，磷、钾肥一次性作基肥施用。对于保水保肥性差的沙性土壤或目标产量较高的田块，可两次施用。一般基肥中的磷占 60%～80%，基肥中的钾占 60%。对于有效硅、有效锰、有效铁、有效锌缺乏的田块，适当补施相应肥料，以基施为主，对于基肥未施的，可在小麦生长中后期，结合病虫害防治，肥药混喷 2～3 次。

6. 配方肥基施

对于中等肥力土壤，一般每亩施养分含量为 33%的配方肥（19－8－6）50 千克，或每亩施尿素 20.5 千克、过磷酸钙 33 千克、氯化钾 5 千克。结合整地施用，耕翻入土。

7. 分蘖肥施用

在小麦 3 叶期施分蘖肥，一般每亩施尿素 5 千克左右。

8. 穗肥施用

在小麦叶色正常褪淡，植株基部第一节间接近定长（叶龄余数 2.5 左右）时追施拔节肥，3 月 18 日左右，一般可每亩施尿素 5～10 千克和配方肥 10 千克。对群体过小、穗数不足的三类苗、渍害苗和脱力落黄严重的麦田，可适当提早施用拔节肥。

群体过大、叶色未正常褪淡的麦田，拔节肥应适当推迟施用，做到叶色不褪不施肥，以防倒伏。在叶龄余数0.5～0.8时，适时适量施用保花肥。稻田套播或少免耕的强筋、中筋小麦，保花肥一般每亩施尿素5～8千克。弱筋小麦，以拔节肥为主，一般不施保花肥。

三、南方湿润平原稻—麦轮作区“秸秆还田＋小麦机械直播＋配方肥”技术

（一）技术概述

稻—麦轮作区小麦种植在施肥上存在的主要问题有：基肥追肥“一道清”，追肥少，氮、磷、钾搭配不合理。在稻—麦轮作区实施“秸秆还田＋小麦机械直播＋配方肥”技术模式可以改变施肥习惯，以测土配方施肥为基础，推进精准施肥，调整化肥施用结构，改进施肥方式（表施转机械深施），秸秆还田提升土壤有机质，减少化肥使用量实现化肥减量增效。南方湿润平原区稻—麦轮作实施“秸秆还田＋小麦机械直播＋配方肥”技术模式，小麦亩产量可增加约40千克，秸秆还田带入养分，亩均化肥使用量（纯量）减少6.4千克，肥料利用率提高5%以上，通过机械作业，生产用工降至1～2个。同时，机械深施肥料使肥料养分不易流失，秸秆还田避免野外焚烧带来的大气污染，农业生产达到生态环保的效果。

（二）适用范围

该技术模式适用于南方湿润平原区茬口紧的区域及机场周边、高速公路沿线、铁路沿线区域等粮食播种面积大、秸秆禁烧压力大的水稻—小麦轮作机械化作业区域。

（三）技术措施

1. 选用良种

适宜的主要小麦品种有川麦 104、绵麦 367、川麦 66、绵麦 51 等。

2. 实施精量播种

（1）适期播种。小麦高产播种期为 10 月 26 日至 11 月 5 日，播种期间要关注本地天气预报，抢在降雨之前完成播种，以保证全苗齐苗。

（2）精量播种。每亩播种量 9～11 千克（每亩基本苗 15 万～18 万株）。土壤墒情差、肥力差的田块可适当加大播种量。排水不畅的田块播种前要理好围边沟、厢沟、十字沟；小麦播种前进行药剂拌种，现拌现播，播后用稻草均匀覆盖。提倡机械播种，以保证播种深浅一致、出苗均匀。

3. 水稻秸秆还田调节碳氮比

水稻实行机械收割时，留茬高度应小于 15 厘米。收割机加载切碎装置，边收割边将全田稻草切成长 10 厘米左右的碎草。将粉碎的稻草均匀地撒铺在田里，平均每亩稻草还田量为 400～500 千克。水稻收割后，土壤墒情较好，微生物较活跃，秸秆易腐熟。由于微生物腐熟秸秆的过程中要吸收氮素，需要调节碳氮比为（20～40）∶1，每亩需增施氮肥（N）1～2 千克。

4. 施肥

（1）机械化深施基肥技术。小麦机播采用浅旋播种方式，选用 36.77～58.84 千瓦拖拉机带动播种机和旋耕机。在进行小麦播种作业的同时完成播种、施肥、覆土、镇压作业，使基肥施于种子下方或侧下方位置，与种子之间保持 3～4 厘米厚度的土壤隔离层，避免肥料烧伤种子。按照水稻秸秆每亩还田 400～500 千克计算，转化为氮（N）、磷（P_2O_5）、钾（K_2O）的量为 3.3～4.1 千克、0.5～0.6 千克、6.8～8.5 千克。根据小麦生长需肥量，若目标产量大于 450 千克/亩，基肥施入时每亩需氮（N）、磷（P_2O_5）、钾（K_2O）的量为 6.1 千克、2.2 千克、2.8 千克，每亩施用 22-8-10 配方肥 30 千克；目标产量 350～450 千克/亩，基肥施入时每亩需氮（N）、磷（P_2O_5）、钾（K_2O）的量为 5.4 千克、2 千克、2.5 千克，每亩施用 22-8-10 配方肥 25 千克。由于水稻秸秆含有丰富的氮、磷、钾元素，后期分解释放可供作物吸收利用，应根据作物目标产量氮、磷、钾需求量，减少配方肥施用量。小麦播种、施肥机械化采用农机农艺相结合措施，机械化适时播种能够实现苗全、苗齐、苗壮，机械化深施化肥可减少化肥的挥发流失，提高化肥利用率，减少环境污染。在减少播种、施肥人工费的同时，还可避免人工施肥的不均匀性，具有显著的经济效益和社会效益。

（2）分蘖期追肥。小麦分蘖期进行追肥，目标产量≥450 千克/亩，每亩施用尿素 6.0 千克＋磷酸一铵 5 千克；目标产量 350～450 千克/亩，每亩施用尿素 5.0 千克＋磷酸一铵 4 千克。兑水喷施。小麦生长期间做好田间管理，适时进行植保、灌溉，保墒抗旱。

5. 适时收获

小麦在蜡熟期，籽粒质量最大，是收获的最佳时期，应抢时于晴天用久保田 688 或 886 型联合收割机等进行收打。小麦收后应及时晾晒扬净或用循环式粮食烘干机烘干，在含水量低于 12.5%以下时进仓储藏，预防霉烂。收获后小麦秸秆机械粉碎还田。

6. 注意事项

一是要选质量好、发芽率高、适宜机收的品种，为全苗打好基础；二是要选择适宜的小麦专用配方肥，以满足小麦各个时期的营养需求；三是要对机播手进行专门培训，按照小麦机播、机收技术要求进行操作，确保播种、施肥、机收质量。

四、西北冬小麦减肥增效施肥技术

（一）西北地区冬小麦养分吸收规律

西北地区冬小麦养分吸收规律见表2-1。

表2-1 不同产量水平下冬小麦氮、磷、钾的吸收量

产量水平（千克/公顷）	养分吸收量（千克/公顷）		
	氮（N）	磷（P_2O_5）	钾（K_2O）
3 000	83	31	77
4 500	126	46	108
6 000	168	62	145

（二）推荐施肥技术

按降水潜力和实践经验，通过栽培和水肥管理，一年一作旱地小麦产量目标可确定为3 000～6 000千克/公顷。基于目标产量，因各种养分资源特征不同，采取相应的管理策略。

①根层调控、重施基肥的旱地小麦氮素管理技术。氮肥施用总量的70%～80%作基肥，20%～30%作追肥。土壤碱解氮含量应每年监测一次。土壤速效磷含量每3年左右进行一次分析监测，根据标准调整肥料施用量。由于目前西北旱地小麦钾肥效应不明显，暂不推荐施用钾肥。建议在小麦播前，低肥力土壤每亩施农家肥4 000千克，中肥力土壤每亩施农家肥2 000～4 000千

克，高肥力土壤每亩施农家肥 2 000 千克。农家肥和磷肥作基肥一次施入。

②冬小麦微量元素因缺补缺。西北旱地石灰性土壤容易发生小麦微量元素缺乏，主要是锌和锰，建议因缺补缺。缺锌时，于小麦播前结合基肥每公顷施入硫酸锌 15 千克；或拔节期叶面喷施 0.1%～0.2%硫酸锌水溶液 1～2 次，间隔 7～10 天，每次每亩用量 60～70 千克。缺锰时，小麦播前结合基肥每公顷施入硫酸锰 15～20 千克；或拔节期叶面喷施 0.1%硫酸锰 2～3 次，间隔 7～10 天，每次每亩用量 60～70 千克。

（三）西北旱作冬小麦施肥指导意见

针对西北旱地雨养区冬小麦养分投入少、有机肥施用不足等问题，提出以下施肥原则：

①依据土壤肥力条件，坚持“适氮、稳磷、补微”的施肥方针。

②增施有机肥，提倡有机无机配合。

③注意锰和锌等微量元素肥料的配合施用。

④氮肥以基肥为主，追肥为辅，旱地氮肥施用总量的 70%～80%作基肥，20%～30%作追肥。

⑤肥料施用应与高产优质栽培技术相结合。

五、小麦农药减施增效技术

（一）小麦重大病虫害全程综合防控技术

1. 防控目标

重点防控赤霉病、条锈病、蚜虫等重大病虫害，兼顾纹枯病、白粉病、茎基腐病、根腐病、吸浆虫、麦蜘蛛等，防治处置率90%以上，专业化统防统治和绿色防控覆盖率40%以上，综合防治效果85%以上，病虫危害损失率控制在5%以内。

2. 防控策略

树立“绿色发展”理念，坚持统筹协调、因地制宜、分区治理、综合防控的原则，采取农业措施与化学防治相协调、农艺与农机相融合、应急处置与持续治理相兼顾、统防统治与群防群治相结合的防控策略，抓住重点地区、重大病虫、重要时段，统筹兼顾、综合施策、安全用药、科学防控，促进农药减量控害，确保小麦产量和质量安全。

3. 分区防控对象

（1）华北麦区。主要包括河北省长城以南，山西省中部和东南部冬麦区，以及北京、天津麦区。其中，山西、河北中北部麦区防控对象以麦蚜、麦蜘蛛、吸浆虫为主，兼顾条锈病、赤霉病；其他麦区防控对象以麦蚜、吸浆虫为主，兼顾麦蜘蛛、叶锈病。

（2）黄淮麦区。主要包括山东省全部，河南省大部，河北省中南部，江苏及安徽两省淮北地区，陕西省关中平原地区，山西省西南部等。防控对象以赤霉病、条锈病、纹枯病、白粉病、麦蚜、吸浆虫、麦蜘蛛为主，兼顾叶锈病、茎基腐病、根腐病和地下害虫、黏虫等。

（3）长江中下游麦区。包括江苏、安徽、湖北各省大部，上海市、浙江省全部以及河南省信阳市。防控对象以赤霉病、条锈病、白粉病、纹枯病为重点，兼顾麦蜘蛛、麦蚜及茎基腐病等。

（4）西北麦区。包括甘肃省、宁夏回族自治区、新疆维吾尔自治区、内蒙古自治区西部及青海省东部的部分地区。防控对象以条锈病、吸浆虫为主，兼顾白粉病、麦蚜、麦蜘蛛等。

（5）西南麦区。包括贵州省、四川省、云南省大部，陕西省南部，甘肃省东南部以及湖北省西部。防控对象以条锈病、白粉病为主，兼顾赤霉病、麦蚜和麦蜘蛛。

4. 全程综合防控措施

根据小麦不同生育阶段，突出主攻对象，兼顾次要病虫，统筹兼顾，全程谋划，综合防控。

（1）播种秋苗期。以农业措施为基础，重点实施好种子药剂处理，防控全蚀病、黑穗病、纹枯病、茎基腐病、根腐病等土传、种传病害和金针虫、蛴螬等地下害虫，以及蚜虫、锈病等。一是农业措施。种植抗病良种，适期适量播种，做好田间沟系配套，秸秆粉碎后无害化还田；有条件地区麦田间种油菜等麦蚜的天敌载体作物。二是种子处理。根据病虫发生种类，选择对路药剂进行种子包衣或拌种，如戊唑醇、苯醚甲环唑、咯菌腈、硅噻菌胺、噻虫嗪、吡虫啉、辛硫磷等。三是早期控制。秋苗期对条锈病、蚜虫、麦蜘蛛早发重发田块，及时用药控制。

（2）返青拔节期。重点防控纹枯病、条锈病等病虫，兼顾白粉病、蚜虫、麦蜘蛛、茎基腐病等。一是农业措施。清沟理墒，合理施肥，科学化控，控旺促弱，培育适宜群体数量。二是生物防治。人工释放异色瓢虫、蚜茧蜂等天敌控制蚜虫；使用井冈霉素、多抗霉素、木霉菌、苦参碱、耳霉菌等生物农药控制纹枯病、蚜虫。三是药剂防治。推荐使用戊唑醇、丙环唑、氟环唑、噻呋酰胺等高效、低毒、低风险化学农药以及生物农药，用足水量，确保效果。

（3）抽穗扬花期。重点防控赤霉病、吸浆虫，兼顾白粉病、条锈病等。坚持立足预防、适期用药的防治策略。一是适期用药。掌握小麦扬花初期这一关键时期，主动用药预防赤霉病，重发年份隔5～7天用好第二遍药；对吸浆虫，应做好成虫期防治。二是对路用药。选择氰烯菌酯、戊唑醇等高效对路安全药剂，防治赤霉病要尽量不使用效果差、用量大、抗性水平高、易刺激毒素产生的药剂。三是精准用药。选用自走式喷杆喷雾机、植保无人机等作业效率高、农药利用率高、防治效果优的药械，用足药量和水量，保证防治效果。

（4）灌浆成熟期。重点控制麦穗蚜，兼顾锈病、白粉病、黏虫。一是药肥混喷。选用氟环唑、噻虫嗪等高效、低毒、安全的杀菌剂、杀虫剂，并与生长调节剂、叶面肥等科学混用，药肥混喷，综合施药，防病治虫，防早衰、防干热风，一喷多效。二是适时抢收。小麦成熟收获期，及时收割、晾晒，如遇阴雨天气，应采取烘干措施，防止收获和储存过程中湿度过大导致赤霉病菌再度繁殖，防止造成毒素二次污染。

5. 重大病虫害防治技术

（1）赤霉病。在调优种植结构、推广抗性品种的基础上，做好病害的适期预防工作。长江中下游、江淮等常年流行区和黄淮常年发生区，坚持“主动出击、见花打药”不动摇，抓住小麦抽穗扬花这一关键时期，及时喷施对路药剂，减轻病害发生程度，降低毒素污染风险；对高感品种，如果天气预报小麦扬花期有2天以上的连阴雨天气、结露或多雾天气，首次施药时间应适当提早到齐穗期，第一次防治后隔5～7天再喷药1～2次，确保控制效果。华北、西北等常年偶发区，坚持“立足预防、适时用药”不放松，小麦抽穗扬花期一旦遇连阴雨或连续结露等适宜病害流行天气，立即组织施药预防，降低病害流行风险。在病菌对多菌灵已产生抗药性的长江中下游、江淮等麦区，停止使用多菌灵，选用氰烯菌酯、戊唑醇、丙硫菌唑等单剂及其复配制剂，以及耐雨水冲刷剂型，并注重轮换用药和混合用药。提倡使用自走式宽幅喷杆喷雾机械、机动弥雾机以及自主飞行的植保无人机等高效植保机械，选用小孔径喷头喷雾，避免使用担架式喷雾机；同时，添加适宜的功能助剂、沉降剂等，提高施药质量，保证防治效果。

（2）条锈病。加强病情监测，实施分区防治。冬繁区要封锁发病田块，全面落实“带药侦查、打点保面”预防措施，减少菌源外传，减轻晚熟冬麦及春麦区流行风险。越夏区要铲除自生麦苗，切断循环链条，减少初始菌源；越夏易变区，春季3～4月铲除麦田周围条锈菌转主寄主小檗、遮盖麦秸垛，阻止条锈菌的有性生殖发生，降低病菌毒性变异速率，延长小麦品种使用年限。春季流行区，落实“发现一点，防治一片”的防治策略，及时控制发病中心；当田间平均病叶率达到0.5%～1%时，组织开展大面积应急防控，并且做到同类区域防治全覆盖。防治药剂可选用三唑酮、烯唑醇、戊唑醇、氟环唑、己唑醇、丙环唑、醚菌酯、吡唑醚菌酯、烯肟·戊唑醇等。

（3）白粉病。当病叶率达到10%时进行喷药防治，抽穗至扬花期可与赤霉病等病虫害防治相结合。病害防治常用药剂有三唑酮、烯唑醇、腈菌唑、丙环唑、氟环唑、戊唑醇、咪鲜胺、醚菌酯、烯肟菌胺等；严重发生田，应隔7～10天再喷1次。要用足药液量，均匀喷透，提高防治效果。

（4）纹枯病。小麦返青至拔节初期，当病株率达10%左右时，进行喷雾防治；药剂可选用噻呋酰胺、戊唑醇、丙环唑、井冈霉素、多抗霉素、木霉菌、井冈·蜡芽菌等。

（5）茎基腐病、根腐病。重发地区实行轮作换茬或改种非寄主作物；采用戊唑醇、咯菌腈、氰烯菌酯等药剂进行种子拌种或包衣。茎基腐病在返青拔节期，选用戊唑醇、丙硫菌唑对准茎基部喷施防治。扬花初期叶面喷施丙环唑、戊唑醇等防治根腐病。

（6）蚜虫。当苗期百株蚜量达到500头时，应进行重点挑治。穗期田间百穗蚜量达800头，益害比（天敌数量∶蚜虫数量）低于1∶150时，可选用吡蚜酮、啶虫脒、吡虫啉、抗蚜威、苦参碱、耳霉菌等药剂喷雾防治。有条件的地区，提倡释放蚜茧蜂、瓢虫等进行生物控制。

（7）吸浆虫。重点抓好小麦穗期成虫防治。一般发生区当每10复网次有成虫25头以上，或用两手扒开麦垄，一眼能看到2头以上成虫时，尽早选用辛硫磷、毒死蜱、高效氯氟氰菊酯、氯氟·吡虫啉等农药喷雾防治。重发区间隔3天再施1次药，以确保防治效果。

（8）麦蜘蛛。在返青拔节期，当平均33厘米行长螨量达200头时，可选用阿维菌素、联苯菊酯、马拉·辛硫磷、联苯·三唑磷等药剂喷雾防治，同时可通过深耕、除草、增施肥料、灌水等农业措施进行控制。

6. 专业化统防统治主推技术

（1）条锈病防控技术。在春季条锈病流行区，根据监测预报，在病害发生初期，选用三唑酮、烯唑醇、戊唑醇、氟环唑、己唑醇、丙环唑、醚菌酯、吡唑醚菌酯、烯肟·戊唑醇等药剂，使用高效植保机械集中连片进行统防统治，确保有效控制危害。

（2）小麦赤霉病预防技术。密切关注抽穗扬花期天气预报，根据病害流行趋势及时开展药剂预防。在小麦扬花初期，选用氰烯菌酯、戊唑醇、丙硫菌唑、丙硫唑·戊唑醇等对路药剂，应用高效植保机械开展统防统治，做到见花打药，主动预防。一般发生区防治一次；严重发生区坚持二次防治不动摇，遏制病害大面积暴发流行。

（3）穗期病虫一喷多防技术。小麦抽穗至灌浆期是赤霉病、条锈病、白粉病、叶锈病、麦蚜、吸浆虫等多种病虫同时发生危害的关键期，可选用合适的杀菌剂、杀虫剂、生长调节剂、叶面肥科学混用，综合施药，药肥混喷，防病治虫，防早衰、防干热风，一喷多效。

一喷多防常用农药种类如下。

①杀虫剂。吡虫啉、啶虫脒、吡蚜酮、噻虫嗪、辛硫磷、溴氰菊酯、高效氯氟氰菊酯、高效氯氰菊酯、氰戊菊酯、抗蚜威、阿维菌素、苦参碱等。其中，吡虫啉和啶虫脒不宜单一使用。

②杀菌剂。三唑酮、烯唑醇、戊唑醇、己唑醇、丙环唑、苯醚甲环唑、咪鲜胺、氟环唑、噻呋酰胺、醚菌酯、吡唑醚菌酯、多菌灵、甲基硫菌灵、氰烯菌酯、丙硫唑·戊唑醇、丙硫菌唑、蜡质芽孢杆菌、井冈霉素等。

③叶面肥及植物生长调节剂。磷酸二氢钾、腐殖酸型或氨基酸型叶面肥、芸苔素内酯、氨基寡糖素等。

（二）小麦“一喷三防”技术

“一喷三防”技术是在小麦生长后期，即抽穗后至灌浆期，在叶面喷施植物生长调节剂、叶面肥、杀菌剂、杀虫剂等混配液，通过一次施药达到防干热风、防病虫、防早衰的目的，实现增粒增重的效果，确保小麦丰产增收。

1. 技术原理

（1）高效利用，养根护叶。磷酸二氢钾等叶面肥直接进行叶面喷施，植株吸收快，养分损失少，肥料利用率高，健株效果好，可以快速高效地起到养根护叶的作用。

（2）改善条件，抗逆防衰。喷施“一喷三防”混配液可以增加麦田株间的空气湿度，改善田间小气候，增加植株组织含水率，降低叶片蒸腾强度，提高植株保水能力，可以抵抗干热风危害，防止后期植株青枯早衰。

（3）抗病防虫，减轻危害。叶面喷施杀菌剂，可以产生抑制性或抗性物质，阻止锈病、白粉病、纹枯病、赤霉病等病原菌的侵入，抑制病害的发展蔓延，减少上述各种病害造成的损失。叶面喷施杀虫剂，农药迅速进入植株体内，可以毒死蚜虫、吸浆虫等刺吸式吸食汁液的害虫。有些农药对害虫同时有触杀和熏蒸作用，通过喷药直接杀死害虫，从而降低虫口密度或彻底消灭害虫，以防止或减轻害虫对小麦生产造成的损失。

（4）延长灌浆时间，提高粒重。喷施植物生长调剂后，可以延缓根系衰老，提高根系活力，保持小麦灌浆期根系的吸收功能；减少叶片水分蒸发，避免干热风造成植株大量水分损失而形成青枯早衰；促使小麦叶片的叶绿素含量提高，促进叶片增强光合作用，增强糖类的积累和转化，促进灌浆，提高粒重，增加产量。

2. 技术要点

（1）小麦生育后期病害的防治。“一喷三防”喷施时期是在小麦抽穗扬花期和灌浆期，根据病虫和干热风发生情况进行1～2次。这一时期的病害主要有白粉病、锈病、纹枯病、赤霉病等。

①防治小麦锈病、白粉病主要选用三唑酮和烯唑醇等，每亩可用15％三唑酮可湿性粉剂80克或12.5％烯唑醇可湿性粉剂60

克，兑水后均匀喷雾防治。

②防治赤霉病的药剂主要有多·酮（多菌灵和三唑酮复配剂）和甲基硫菌灵，在小麦齐穗至扬花初期（10%扬花）第一次喷药，如果遇到连续阴雨天气，在第一次喷药5～7天后，第二次用药，每亩用60%多·酮可湿性粉剂70克或70%甲基硫菌灵可湿性粉剂120克兑水后均匀喷雾防治。

③防治纹枯病的主要药剂有井冈霉素和三唑酮等。当田间病株率达10%时，每亩可选用5%的井冈霉素水剂250毫升或20%三唑酮可湿性粉剂50～60克兑水50千克，对植株中下部均匀喷雾，重病田隔7～10天再用药防治1次。多菌灵和三唑酮混用可以防治赤霉病、白粉病、锈病和纹枯病等多种病害。

（2）小麦生育后期虫害的防治。小麦生育后期的害虫主要有蚜虫、吸浆虫等。

①防治蚜虫的主要农药为吡虫啉、高效氯氰菊酯、吡蚜酮、氧乐果等，可以用10%吡虫啉可湿性粉剂每亩20克，25%吡蚜酮可湿性粉剂每亩5～10克兑水后均匀喷雾防治。

②防治吸浆虫成虫的药剂主要有毒死蜱、辛硫磷、高效氯氰菊酯、敌敌畏、氧乐果等。吸浆虫的防治一般分为孕穗期蛹期防治和抽穗期保护，蛹期是小麦吸浆虫防治的关键时期之一。在每小样方（10厘米×10厘米×20厘米）幼虫超过5头的麦田，应在孕穗前撒毒土进行蛹期防治，这时小麦植株已经长高，群体相对繁茂，撒施的毒土容易存留在叶片上，施药后要设法将麦叶上的药土弹落至地面。具体方法是：每亩用50%辛硫磷乳油200毫升加水5千克拌细土25千克，撒入麦田，随即浇水或抢在雨前施下，能收到良好效果。小麦抽穗期一般与小麦吸浆虫成虫出

土期吻合，整个抽穗期都是小麦吸浆虫侵染的敏感期，是吸浆虫防治的关键时期。在抽穗期10复网次捕到超过10头成虫，或拨开麦垄一眼看见2～3头成虫，或黄色粘板每10块上粘有2头成虫时，需要立刻进行穗期喷药防治。在小麦抽穗70%～80%时进行穗部喷药效果最好。用48%毒死蜱乳油或40%辛硫磷乳油等1 500倍液，或10%高效氯氰菊酯乳油1 500～2 000倍液，每亩用药液50～60千克，均匀喷雾，防治效果可达90%以上。

(3) 小麦生育后期干热风的预防。干热风亦称“干旱风”，习称“火南风”或“火风”，是一种高温、低湿并伴有一定风力的农业灾害性天气。干热风对小麦产量影响较大，轻则减产5%左右，重则减产10%～20%。干热风出现时，温度显著升高，湿度显著下降，并伴有一定风力，植株蒸腾加剧，根系吸水能力下降，光合强度降低，干物质积累提前结束，灌浆时期缩短，导致小麦灌浆不足，秕粒严重，甚至枯萎死亡。高温还可使籽粒呼吸作用加强，消耗增加，积累减少，造成粒重进一步降低。我国的北部冬麦区和黄淮冬麦区小麦灌浆期间受干热风危害的频率较高，其他麦区也有不同程度的干热风出现。预防小麦干热风的方式主要是喷施抗干热风的植物生长调节剂和速效叶面肥。试验表明，在小麦灌浆初期和中期，向植株各喷一次0.2%～0.3%的磷酸二氢钾溶液，能提高小麦植株体内磷、钾浓度，增大原生质黏性，增强植株保水力，提高小麦抗御干热风的能力。同时，可提高叶片的光合强度，促进光合产物运转，增加粒重。

(4) “一喷三防”。为了简化工序，节约生产成本，可以针对上述病虫害及干热风发生情况，配制有抗干热风、防早衰功能的植物生长调节剂、叶面肥、杀菌剂和杀虫剂的混合液进行叶面喷施。“一喷三防”注意事项如下。

①用药量要准确。一定要按具体农药品种使用说明操作，确保准确用药，不得随意增加或减少用药量。

②严禁使用高毒有机磷农药和高残留农药及其复配品种。要根据病虫害的发生特点和发生趋势，选择适用农药，采取科学配方，进行均匀喷雾。

③配制可湿性粉剂农药时，一定要先用少量水化开后再倒入施药器械内搅拌均匀，以免药液不匀导致药害。

④小麦扬花期喷药时，应避开授粉时间，一般在上午 10 时以后进行喷洒，喷药后 6 小时内遇雨应补喷。

⑤严格遵守农药使用安全操作规程，确保操作人员安全防护，防止中毒。

⑥购买农药时一定要到“三证”齐全的正规门店选购，拒绝使用所谓改进型、复方类等不合格产品，以免影响防治效果。

3. 适宜区域

该技术适用于全国各类麦区，但需要根据不同麦区的特点，针对当地当时小麦生产中经常发生的病害、虫害及干热风发生的情况，制定适合本地区“一喷三防”重点防治对象的策略，可适当调整植物生长调节剂、叶面肥、杀菌剂、杀虫剂等混配液的配方。如北部冬麦区和黄淮冬麦区干热风出现较多，“一喷三防”应以防干热风、白粉病、蚜虫、吸浆虫等为重点，兼顾防锈病。长江中下游冬麦区赤霉病发生概率高，“一喷三防”应以防赤霉病、白粉病、蚜虫、吸浆虫为重点，兼顾防早衰。西南冬麦区条锈发病率较高，“一喷三防”应以防锈病、赤霉病、白粉病、蚜虫为重点，兼顾防早衰。新疆冬春麦区以防白粉病、锈病、蚜虫为重点，兼顾防早衰。各个春麦区均以防锈病、白粉病、蚜虫为重点，兼顾防早衰。

第二节　水稻化肥农药减施增效技术

一、长江中下游地区稻田“稻虾共作”综合种养技术

（一）技术概述

稻田养虾是一种稻虾共生互补的生态农业模式。通过种养结合，实现一田多用、一水多用、一季多收，具有减肥、省工、增虾、节地、增收的优点，符合资源节约型、环境友好型农业发展方向。稻田养虾就是在水稻正常移栽后，及时在田间放养一定数量的小龙虾幼苗，使水稻与小龙虾共生的种养方式。通过稻田养虾，发挥小龙虾能吃掉田间杂草或水生生物，消灭部分有害性幼虫的优势，起到防除稻田杂草和部分虫害的作用。随着小龙虾的生长，它们在稻田里进行游动、觅食等活动，有助于稻田松土、活水、通气、增加水田溶氧量；同时，小龙虾进行新陈代谢，排出大量排泄物，作为水稻肥料，能减少化肥施用量，促进农业循环发展。

（二）技术效果

利用稻田套养小龙虾能有效地利用稻田水域空间，促进稻虾互惠共生。游动的小龙虾，能增加稻田水溶氧量，增强土壤的通气性，并清除田间杂草，同时排出的粪便能作为肥料供水稻吸收利用，保护水体不受污染，有助于水生生物种群的动态平衡和食物链形成，促使稻虾双丰收。典型调查结果显示，稻虾共作可实现亩产优质稻谷 300～450 千克、无公害小龙虾 50～100 千克，

每亩节约化学氮肥 8～10 千克。

（三）适用范围

长江中下游水稻主产区。

（四）技术措施

1. 稻田改造

（1）挖沟。围沟面积控制在稻田面积的 15%以内。稻田面积 30～50 亩时，按以下标准挖沟：田埂宽 4～5 米，平台 1～2 米，内侧再开挖环形沟，沟宽 3～4 米，坡比 1∶1.5，沟深 1～1.5 米。稻田面积为 50 亩以上时，在田中间开挖十字沟，沟宽 1～2 米，沟深 0.8 米。稻田面积 30 亩以下时，围沟宽度2～3 米即可，不开中间沟。

（2）筑埂。利用开挖环形沟挖出的泥土加固、加高、加宽田埂。田埂加固时每加一层泥土都要进行夯实，以防渗水或暴风雨使田埂坍塌。田埂应高于田面 0.6～0.8 米，埂宽 4～5 米，埂顶宽 2～3 米。稻田内缘四周田埂筑高 20～30 厘米、宽 30～40 厘米。

2. 防逃设施

利用稻田排水口和田埂设置防逃网。其中，排水口的防逃网网片规格为 8 孔/厘米（相当于 20 目），田埂防逃网选用水泥瓦作材料，高 40 厘米。

3. 进排水设施

按照高灌低排的要求，确保水灌得进、排得出。进、排水口分别位于稻田两端，进水渠道建在稻田一端的田埂高处，进水口用 20 目的长型网袋过滤进水，防止敌害生物随水流进入。排水口建在稻田另一端环形沟的低处，用密眼铁丝网封闭管口，防止小龙虾外逃。

4. 苗种投放及注意事项

(1) 苗种投放。在就近的养殖基地和有资质的种苗场选购种虾或虾苗，要求体色鲜亮、附肢齐全、无病无伤、活力强、大小规格整齐。主要养殖模式有两种：一是在稻谷收割后将种虾直接投放在稻田内，让其自行繁殖，规格为 30 克以上，每亩投放 20～30 千克，雌雄比例 (2～3)：1，第二年适当补充；二是在水稻栽秧后，每亩投放规格为 3～5 厘米的幼虾 0.5 万～0.8 万尾，随着投放时间的推迟投放量适当减少。

(2) 投放注意事项。选用规格一致、活力强、质量优的幼虾进行放养，放养时一次放足。一般选择晴天早晨、傍晚或阴天进行，避免阳光直射。投放时将虾筐反复浸入水中试水 2～3 次，每次 1～2 分钟，使幼虾或亲虾适应水温，温差不超过 2℃。要投放在塘边浅水植草处。运输过程中，遮光避风，每筐装幼虾 2.5～5 千克、亲虾 5～7.5 千克为宜，用水草覆盖，以保持潮湿，运输时间越短越好。

5. 管理措施

(1) 水质管理。根据小龙虾的生物学特性和生长需要，把握好以下主要环节。

①科学施肥。禁用对小龙虾有害的化肥，如氨水和碳酸氢铵。施用的基肥以腐熟的有机肥为主，在插秧前一次施入耕作层内。追肥时先排浅田水，让幼虾集中到环沟或田间沟中，然后再施肥料，使肥料迅速沉积于底层田泥中，随即加深田水至正常深度。追肥一般每月一次，每亩施尿素 5 千克、配方肥 10 千克。如生产有机稻，则不施用化肥。

②维持适宜酸碱度。维持水体 pH 在 7.5～8.5，促进小龙虾

脱壳生长，4～8月，每亩施用生石灰5～10千克，化浆全田泼洒。

③投放水生动物。沟内投放一些有益生物作为小龙虾的饵料，如水蚯蚓（0.3～0.5千克/米²）、田螺（8～10个/米²）、河蚌（3～4个/米²）等。

④控制水位与水温。日常稻作管理过程中，保持浅湿灌溉，控制水位不超过田埂，保障小龙虾正常生长。稻谷晒田宜轻烤，不能完全将田水排干。水位降低到田面露出即可，而且时间要短，发现小龙虾有异常时，则要立即注水。越冬期，适当提高水位进行保温，一般控制在40～50厘米；3月，为促使小龙虾尽早出洞觅食，稻田水位控制在30厘米左右；4月中旬以后，水温控制在20～30℃，水位逐渐提高至50～60厘米，以利于小龙虾生长，避免提前硬壳老化。

（2）饲料投喂。遵循“四定”（定时、定位、定质、定量）和“三看”（看天气、看生长、看摄食）原则，进行饲料投喂。小龙虾活动范围不大，摄食一般在浅水区域，所以饲料应投在四周的平台上。当夜间观察到有小龙虾出来活动时，就要开始投喂。早春三月以动物性饵料或精料为主，高温季节以水草和植物性饵料为主。投饲量根据水温、虾的吃食和活动情况来确定。冬天水温低于12℃，小龙虾进入洞穴越冬，夏天水温高于31℃，小龙虾进入洞穴避暑，此阶段可不投或少投；水温在17～31℃时，每半月投放一次鲜嫩的水草，如菹草、金鱼藻等100～150千克/亩。有条件的每周投喂2次鱼糜、绞碎的螺蚌肉，每次1～5千克/亩。每天傍晚投喂一次饲料，如麸皮、豆渣、饼粕或颗粒料等；在田边四周设固定的投饲点进行观察，若2～3小时食完，应适当增加投喂量，否则减少其投喂量。要经常观察小龙虾的生长活动情况，当发现大量的小龙虾开始蜕壳或者活动异常、有病害发生时，可少投或不投。

6. 商品虾捕捞

经过2个月饲养的稻田小龙虾，即可进行捕捞，供应市场。按照“捕大留小，繁殖期禁止捕捞”的原则进行捕捞。将达到商品规格的小龙虾捕捞上市出售，未达到规格的继续留在稻田内养殖，以降低稻田小龙虾的密度，促进小规格的小龙虾快速生长。在5月中旬至7月中旬，采用虾笼、地笼网起捕，或利用抄网来回抄捕，最后在稻田割谷前排干田水，将虾全部捕获。2～3月放养种虾，一般在9～10月进入捕捞高峰期。9～10月放养种虾，一般在翌年5～6月进入捕捞高峰期。

7. 病害防治

小龙虾对许多农药都很敏感，原则上能不用药时坚决不用，需要用药时则选用高效低毒的农药及生物制剂。施农药时要注意严格把握农药安全使用浓度，确保虾的安全，并要求喷药于水稻叶面，尽量不喷入水中，而且最好分区用药。

（1）水稻病虫害防治。防治水稻螟虫，每亩用200毫升18%杀虫双水剂加水75千克喷雾；防治稻飞虱，每亩用50克25%噻嗪酮可湿性粉剂加水25千克喷雾；防治水稻条斑病、稻瘟病，每亩用50%氯溴异氰尿酸可溶性粉剂40克加水喷雾；防治水稻纹枯病、稻曲病，每亩用增效井冈霉素250毫升加水喷雾。水稻施用药物，应尽量避免使用含菊酯类物质的杀虫剂，以免对小龙虾造成危害。喷雾水剂宜在下午进行，施药前田间灌水至20厘米，喷药后及时换水。

（2）小龙虾病害防治。小龙虾养殖过程中，常见病害有病毒病、甲壳溃烂病和纤毛虫病。

①病毒病防治。遵循“防重于治、防治结合”的原则。放养健康、优质的种苗；合理地控制放养密度；改善栖息环境，加强水质管理；投种（苗）前用生石灰彻底清塘，杀灭池中的病原；板蓝根、鱼腥草、大黄煮水拌饲料投喂或用三黄粉拌饲料投喂，如每千克饲料拌3克三黄粉粉剂投喂，每天1次，连喂3天；聚维酮碘或四烷基季铵盐络合碘0.3～3.5毫克/升全池泼洒，或二氧化氯0.2～0.5毫克/升全池泼洒，每半月预防一次；症状严重时，聚维酮碘或二氧化氯连续使用2次，每次用药间隔2天，可采用聚维酮碘0.3～0.5毫克/升＋三黄粉水剂20毫升/亩全池泼洒，同时，中草药制剂拌饲投喂，连续投喂5天；如发现有虾发病，应及时将病虾隔离，防止病害进一步扩散。

②甲壳溃烂病（细菌性病害）防治。避免损伤；投足饲料，防止争斗；每亩用10～15千克生石灰化水全池泼洒，或每立方米水用2～3克漂白粉全池泼洒；石灰与漂白粉不能同时使用。

③纤毛虫病防治。用生石灰清塘，杀灭池中的病原；用0.3毫克/升四烷基季铵盐络合碘全池泼洒；投喂小龙虾蜕壳专用人工饲料，促进虾蜕掉长有纤毛虫的旧壳。

二、水稻缓控释肥施用技术

（一）适用范围

适用于各地区种植的各种水稻。缓控释肥施用范围广泛，可以在所有作物上应用，施用缓控释肥可以起到增产、增收的作用。

（二）技术原理

肥料作为重要的农业生产成本投入和增产要素，直接关系到农业的综合效益。大量施肥的实践表明，由于肥料性质与土壤环境条件的综合影响，普通的肥料施用后，一部分随水流失，易造成土壤板结，不利于农作物生长，对土壤环境以及地下水资源造成污染；一部分挥发到空气中，对大气造成污染，而且使肥料的利用率严重下降；真正被农作物吸收的只是肥料的较少一部分。而缓控释肥作为一种新型肥料正是顺应了现代农业生产的这种需求，被研制生产出来。它有效地解决了既要产量又要质量，既要致富又要健康，既要五谷丰登又要环境优美的生产问题。缓控释肥是一种以多种调控机制使其养分释放按照设定的模式（包括释放率和持续有效释放时间）与作物对养分的吸收相同步，即与作物吸收养分的规律相一致的肥料。与一般肥料相比，这种新型肥料的养分释放速率较慢、释放期较长、在作物的整个生长期都可以满足作物生长需要，具有省时省力、增产增效、节能环保等优点。缓控释肥与常规施肥相比，能使水稻增产 9%～14%，缓控释肥可减少单位面积用肥量，纯养分投入减少 5%～10%。水稻减少追肥量和追肥次数，省工省时，节本增效。

（三）技术措施

将缓控释肥与测土配方施肥相结合，选择相近的肥料配方，就能更有效地利用土壤养分，既减少缓控释肥料用量，提高肥料利用率，又降低施肥成本。根据作物生育期长短选择不同释放周期的缓控释肥，在水稻插秧时一次性将缓控释肥施下去，解决了农民对水稻需肥用量把握不准的问题，同时又省工、省时、省力。缓控释肥中的氮的释放速率与作物生长的养分吸收基本同步。作物幼苗期对养分的需求量比较低时，缓控释尿素释放的氮很少；作物生长旺盛期对氮的需求量达到高峰时，缓控释尿素中的氮会充分释放，满足作物的需要。寒地水稻生育期为120～130天，要根据水稻的生育期选择合适的缓控释肥。对于水稻这类根系密集且分布均匀的作物，可以在插秧前将专用包膜缓控释肥按照推荐施用量一次性均匀撒施于地表，耕翻后种植，生长期内可以不再追肥。

（四）效益及推广前景

缓控释肥与常规施肥相比，能使水稻增产9%～14%，缓控释肥可减少单位面积用肥量，纯养分投入减少5%～10%。减少水稻追肥量和追肥次数，省工省时，节本增效。

随着人民生活水平的不断提高，市场对优质安全的农产品要求越来越高。保护环境，发展绿色有机产品的需求日益迫切。水稻生产中的分次施肥既不适合现代农业发展的需求，又难以准确地满足水稻在整个生育期的养分需求。而施用缓控释肥，既能解决肥料施用与作物营养需求之间的矛盾，同时提高肥料利用率，简化施肥技术，提高劳动效率，减少肥料流失造成的环境污染，因此，应用前景广阔，具有长久的经济和社会效益。

三、水稻农药减施增效技术

（一）防控目标

重大病虫防治处置率达到90%以上，总体防治效果达到85%以上，病虫危害损失率控制在5%以内，绿色防控技术应用面积达到18%，专业化防治面积达到27%，全季化学农药使用次数下降1～2次。

（二）防控策略

以稻田生态系统为中心，强化分区治理，主攻重大病虫和重发区域，抓住防控关键期，优先使用健身栽培、抗（耐）病虫品种、生物防治等绿色防控技术，充分发挥自然天敌的控害作用，安全合理用药，禁止使用高毒农药和含拟除虫菊酯类成分的农药品种，保障水稻产量、质量和稻田生态安全。

（三）主要技术措施

1. 稻飞虱

优先选用抗（耐）虱品种；尽量减少前期用药，充分发挥自然天敌的控害作用。药剂防治重点在水稻生长中后期，防治指标为孕穗抽穗期百丛虫量1 000头以上、杂交稻穗期百丛虫量1 500头以上，优先选用对天敌相对安全的药剂品种，于低龄若虫高峰期对茎基部粗水喷雾施药，提倡使用高含量单剂，避免使用低含量复配剂。

2. 稻纵卷叶螟

充分发挥水稻生长前期的自身补偿能力和天敌控害作用，重点防治水稻中后期主害代。蛾始见期起设置性信息素诱捕器，蛾高峰期人工释放稻螟赤眼蜂压低种群数量；卵孵化始盛期优先选用苏云金杆菌或球孢白僵菌等生物农药，或低龄幼虫高峰期选用对天敌安全的化学农药，细水喷雾施药，防治指标为百丛水稻有束叶尖60个。

3. 螟虫

春季越冬代螟虫化蛹期翻耕灌水沤田，降低虫源基数，从越冬代开始，各代蛾期应用昆虫性信息素诱杀成虫，蛾高峰期释放稻螟赤眼蜂，卵孵化始盛期应用苏云金杆菌防治。防治二化螟幼虫，分蘖期枯鞘丛率达到8%～10%或枯鞘株率3%时施药，穗期在卵孵化高峰期施药，重点防治上代残虫量大、当代螟卵盛孵期与水稻破口抽穗期相吻合的稻田。防治三化螟，在水稻破口抽穗初期施药，重点防治每亩卵块数达到40块的稻田。

4. 稻瘟病

重点落实适期预防措施，在水稻分蘖期至破口期施药预防叶瘟和穗瘟。种植抗病品种，实行品种多样化种植，搞好种子消毒，避免偏施和迟施氮肥。注意异常天气时稻瘟病发生动态。常发区秧苗带药移栽，分蘖期田间初见病斑时施药控制叶瘟，破口前3～5天施药预防穗瘟，气候适宜时7天后第二次施药。提倡使用高含量单剂，避免使用低含量复配剂。

5. 纹枯病

加强肥水管理，搞好健身栽培，分蘖末期晒田。药剂防治重点在分蘖末期至孕穗抽穗期，当田间病丛率达到20%时施药防治。

6. 稻曲病

提倡种植抗（耐）性品种，合理施肥，提高水稻抗病性。重点在水稻孕穗末期即破口前7～10天施药预防，如遇多雨等适宜天气，7天后第二次施药。

7. 南方水稻黑条矮缩病和锯齿叶矮缩病

在单季稻和晚稻秧田期及本田初期预防，重点做好药剂拌种或浸种，集中育秧，防虫网或无纺布秧田全程覆盖育秧，秧苗带药移栽，秧田期和本田初期带毒稻飞虱迁入时适时防治。稻飞虱终年繁殖区晚稻收割后立即翻耕，减少再生稻、落谷稻等冬季病毒寄主植物。

8. 白叶枯病

种植抗（耐）病品种，重点采取“种子消毒、培育无病壮秧、加强水肥管理、防淹、防窜灌、药剂控制发病中心”的综合防治措施。病害常发区，感病品种在台风、暴雨过后及时全面施药防治。

（四）专业化统防统治主推技术

1. 选用抗（耐）性品种防病虫技术

因地制宜选用抗（耐）稻瘟病、稻曲病、白叶枯病、条纹叶枯病、褐飞虱、白背飞虱的水稻品种，淘汰高感品种。

2. 深耕灌水灭蛹控螟技术

利用螟虫化蛹期抗逆性弱的特点，在春季越冬代螟虫化蛹期统一翻耕冬闲田、绿肥田，灌深水浸没稻桩7～10天，降低虫源基数。

3. 种子处理、秧田阻隔和带药移栽预防病虫技术

采用咪鲜胺和芸·吲·赤霉酸种子处理，预防恶苗病和稻瘟病，培育壮秧，单季稻和晚稻用吡虫啉种子处理剂拌种或浸种，或用20目防虫网或无纺布阻隔育秧，预防秧苗期稻飞虱、稻蓟马及南方水稻黑条矮缩病、锯齿叶矮缩病、条纹叶枯病和黑条矮缩病等病毒病。秧苗移栽前3天左右施药，带药移栽，早稻预防螟虫和稻瘟病，单季稻和晚稻预防稻瘟病、稻蓟马、螟虫和稻飞虱及其传播的病毒病。

4. 性信息素诱杀害虫技术

二化螟越冬代和主害代、稻纵卷叶螟主害代蛾始见期，集中连片设置性信息素和干式飞蛾诱捕器，诱杀成虫，降低田间卵量和虫量。

5. 生物农药防治病虫技术

苏云金杆菌和球孢白僵菌防治害虫技术。于二化螟、稻纵卷叶螟卵孵化始盛期施用苏云金杆菌，有良好的防治效果，尤其是在水稻生长前期使用苏云金杆菌，可有效保护稻田天敌，维持稻田生态平衡。苏云金杆菌对家蚕高毒，临近桑园的稻田慎用。防治稻纵卷叶螟还可在卵孵化始盛期施用球孢白僵菌。

6. 生态工程保护天敌和控制害虫技术

田埂保留禾本科杂草，为天敌提供过渡寄主；田埂种植芝麻、大豆等显花植物，保护和提高蜘蛛、寄生蜂、黑肩绿盲蝽等天敌的控害能力；人工释放稻螟赤眼蜂，增强天敌控害能力。田边种植香根草等诱集植物，丛距 3～5 米，减少二化螟和大螟的种群基数。

7. 人工释放赤眼蜂防治害虫技术

于二化螟蛾高峰期和稻纵卷叶螟迁入代蛾高峰期开始释放稻螟赤眼蜂，每次放蜂 10 000 头/亩，每代放蜂 2～3 次，间隔 3～5 天。

8. 稻鸭共育治虫防病控草技术

水稻移栽后 7～10 天，禾苗开始返青分蘖时，将 15 天左右的雏鸭放入稻田饲养，每亩稻田放鸭 10～20 只，破口抽穗前收鸭。通过鸭子的取食活动，可减轻纹枯病、稻飞虱和杂草等病虫草及福寿螺的发生危害。

9. 综合用药保穗技术

根据各稻区穗期主要靶标病虫种类，于水稻破口前 7～10 天至破口期，选用杀菌剂与长效杀虫剂混用，预防穗瘟和稻曲病，防治纹枯病、稻飞虱、稻纵卷叶螟和螟虫，兼治穗期其他病害。

10. 合理使用化学农药技术

防治稻飞虱，种子处理和带药移栽应用吡虫啉（不选用吡蚜酮，延缓其抗性发展）；田间喷雾选用醚菊酯、吡蚜酮、烯啶虫胺、呋虫胺等。防治螟虫和稻纵卷叶螟，选用氯虫苯甲酰胺、四氯虫酰胺、氰氟虫腙、丙溴磷等。防治稻瘟病，选用三环唑、氯啶菌酯、氯啶菌酯·戊唑醇、氟环唑等。防治纹枯病，选用申嗪霉素、井冈霉素 A、噻呋酰胺、氟环唑、肟菌·戊唑醇、烯肟·戊唑醇、烯肟菌酯·戊唑醇。防治稻曲病，选用氟环唑、氯啶菌酯、苯甲·丙环唑、井冈霉素 A 等。预防病毒病，选用宁南霉素、毒氟磷等。

第三节　玉米化肥农药减施增效技术

一、玉米机械化深施肥减量增效技术

（一）技术概述

化肥在农业生产发展增产中起了不可替代的作用，但目前也存在化肥过量施用、盲目施用等问题，带来了成本的增加和环境的污染。为了提高肥料利用率，减少不合理投入，节约资源和保护环境，加快推进供给侧结构性改革，推广玉米水肥一体化条件下的化肥减量技术。

（二）技术效果

通过小麦高产节水节肥技术、玉米水肥一体化、玉米种肥同播、玉米深层施肥等化肥减量增效技术措施，可实现土壤有机质

含量提高 0.3 个百分点，化肥每亩用量降低 25%，肥料利用率提高 5 个百分点。特别是种肥同播及深层施肥技术，可实现节肥 20%以上，氮肥利用率可达到 45%以上，玉米增产 15%以上，并有效遏制该区域因盲目过量施肥导致水体富营养化的问题。

（三）适用范围

适用于河北邯郸、邢台、衡水等平原地区优质小麦、玉米生产基地。

（四）技术措施

1. 种肥同播技术

一般要选用耐密品种，60 厘米等行矩，种植密度 4 000～4 500 株/亩，种肥同播。氮肥施用量约占全生育期的 30%，施用纯量（N）是 6 千克/亩。磷肥全部作种肥，施用纯量（P_2O_5）是 2 千克/亩。钾肥全部作种肥，施用纯量（K_2O）3 千克/亩。

2. 测土配方施肥技术

（1）取土测土。利用现有的土壤测试值结果或采集土壤样品分析化验土壤全氮、有效磷、速效钾含量。

（2）确定施肥量。根据土测值结果确定氮、磷、钾肥或配方肥的用量。

（3）适期适量施肥。磷肥、钾肥或配方肥通过种肥同播一次性深施；氮肥 24%作种肥，其余结合灌水分三次机械深追施，施肥深度 10 厘米左右。

（4）补施微量元素。在土壤缺锌和缺硼的地块上基施或叶面喷施锌肥、硼肥。

3. 水肥一体化技术

（1）确定施肥量。根据测土配方施肥成果确定玉米施用化肥的种类及数量。

（2）确定施肥时期。磷、钾肥通过种肥同播一次性施入；氮肥分期施肥，种肥同播24%的氮肥，其余用作玉米追肥，一般分2次进行。大喇叭口期随浇水追施尿素15千克/亩左右。抽雄期随浇水追施尿素10千克/亩，采用压差式施肥罐法将水肥一起施入。

（3）灌溉施肥。追肥前要求先滴清水15～20分钟，再加入肥料。一般固体肥料加入量不应超过施肥罐容积的1/2，然后加注满水，并使肥料完全溶解；提前溶解好的肥液或液体肥料加入量不应超过施肥罐容积的2/3，然后注满水。加好肥料后，每罐肥一般需要20分钟左右追完；全部追肥完成后再滴清水30分钟，清洗管道，防止堵塞滴头。

4. 玉米收获

玉米要适当晚收。玉米适当晚收粒重最大，产量最高，还可以增加蛋白质、氨基酸含量，提高商品质量。技术要点：根据植株长相确定晚收期。当前生产上应用的玉米品种多有“假熟”现象，即玉米苞叶提早变白而籽粒未停止灌浆。玉米穗粒下部籽粒乳线消失，籽粒含水量30%左右，果穗苞叶变白而松散时收获粒重最高，玉米产量也高，可以作为适期收获的主要标志。同时，玉米籽粒基部黑色层形成也是适期收获的重要参考指标。

二、春播中晚熟玉米区化肥减量增效技术

（一）技术概述

通过秸秆还田可部分归还养分，提高土壤有机质；通过测土配方施肥调整氮、磷、钾肥的用量及比例，实现精准施肥；通过

增施有机肥，实现有机肥和化肥的合理配合施用，达到用地养地、提高肥料利用率的效果；通过水肥一体化，实现肥料和水分一体施用，提高肥料利用率和水分利用率。几项技术集成应用，充分发挥培土、科学施肥、提高资源利用效率几方面的综合效应，实现农业的可持续发展。

（二）技术效果

每亩可还田秸秆 500 千克，可以少施 10%的化肥，即每亩少施 2 千克纯磷（P_2O_5）和 1 千克纯钾（K_2O）。秸秆还田和增施有机肥可提高土壤有机质含量 0.5～1 克/千克。与传统技术相比，水肥一体化技术增产增效情况：蔬菜节水 30%～35%，节肥 40%～45%；果园节水 40%，节肥 30%；蔬菜产量增加 15%～22%，水果产量增加 9%～15%。

（三）适用范围

本技术适用于春播中晚熟玉米区。

（四）技术措施

1. 秸秆还田技术

（1）整秆覆盖技术。

①主要操作程序。秋耕整地→分带划行→整秆覆盖（过冬）→空隙施肥→规格播种。

②具体步骤。第一年大秋作物收获后深耕整地，按 133 厘米为一带在田间划行，然后在行中间覆盖 66.5 厘米宽的整秆，留 66.5 厘米宽的空隙。翌年早春在 66.5 厘米宽的空隙中开一条沟施肥整地。4 月中旬在空隙中种两行玉米（小行距 50 厘米，株距随品种定），秋收后，不刨茬、不耕地，将新秸秆盖在原玉米种植行上过冬。第二年早春在旧秸秆行间用小型旋耕机整地（或

人工刨地），再施肥、播种，逐年轮换播种行。若遇严重春旱，可不整地、不施肥、硬地播种，在玉米拔节期采用从根基旁追肥的方法一次施足肥料。

（2）二元双覆盖技术。

①主要操作程序。分带划行→开沟埋秆（过冬）→施肥起垄→盖膜播种→收获（留膜留茬）→空隙开沟埋秆。

②具体步骤。秋季大田玉米收获后深耕整地，然后按133厘米为一带在田间划行（小行距50厘米，大行距83厘米），在大行距中间开一条27厘米宽、20～27厘米深的沟，将玉米整秆尾压梢铺入沟中，埋土过冬。第二年早春，在埋入整秆的垄上开沟施肥，然后覆土起垄（垄高10厘米），趁墒覆盖80厘米宽的超微膜。4月上旬在地膜两侧打孔（孔深4～5厘米）种两行玉米（小行距50厘米，株距随品种而定）。在玉米生长期间只中耕空隙，不培土。秋季玉米收获时不刨茬、不揭膜，在原带距的空隙中间开沟埋秆，操作程序同上年秋季。翌年早春如遇特殊春旱，可不揭旧膜、不动旧茬、不施基肥，在旧膜上玉米茬间错位打孔播种（即一膜用两年）。到玉米拔节期时，采用株距间打孔追肥的方法一次性施足肥料，以追肥代基肥。

2. 测土配方施肥技术

（1）施肥原则。

①有机肥与无机肥相结合。

②控制氮肥总量，适当增加磷肥用量，调整基肥、追肥比例，减少前期氮肥用量，实行氮肥用量后移。

③氮、磷、钾肥配合施用，中微量元素因缺补缺。

④基肥深施。采用开沟条施，深度需要在7厘米以上。

⑤追肥沟施或穴施覆土，覆土深度也应在 7 厘米以上。

⑥对缺锌土壤，适量施用锌肥。

（2）施肥建议。氮肥 2/3 作基肥，磷、钾肥全部用作基肥，一次性施入；氮肥 1/3 作追肥，在拔节期至大喇叭口期进行追施。均采用沟施，施肥沟宽、深为 15～25 厘米，施后及时覆土。在缺锌的地块，每亩基施锌肥 0.5～1 千克，或在苗期和抽雄期用 0.1％硫酸锌叶面喷施。

（3）施肥方案。参照历年玉米肥料试验示范结果及农民施肥习惯，制定玉米推荐施肥方案。

①基追结合施肥方案。推荐肥料：氮、磷、钾肥配方为 20-13-5 或相近配方的复合（混）肥。施肥建议：产量水平 400～500 千克/亩，基施配方肥推荐用量 45～60 千克/亩，拔节期至大喇叭口期追施尿素 5 千克/亩；产量水平 500～650 千克/亩，基施配方肥推荐用量 60～70 千克/亩，拔节期至大喇叭口期追施尿素 5 千克/亩；产量水平 650 千克/亩以上，基施配方肥推荐用量70～80 千克/亩，拔节期至大喇叭口期追施尿素5 千克/亩。

②一次性施肥方案。推荐肥料：氮、磷、钾肥配方为 25-15-6 或相近配方的复合（混）肥。施肥建议：产量水平 400～500 千克/亩，配方肥推荐用量 40～50 千克/亩，作为基肥或苗期追肥一次性施用；产量水平 500～650 千克/亩，可以有30％～40％释放期为 50～60 天的缓控释氮素，配方肥推荐用量 50～60 千克/亩，作为基肥或苗期追肥一次性施用；产量水平 650 千克/亩以上，建议有 30％～40％释放期为 50～60 天的缓控释氮素，配方肥推荐用量 60～70 千克/亩，作为基肥或苗期追肥一次性施用。

3. 增施有机肥

每亩增施优质农家肥 1 500～2 000 千克，或者商品有机肥 200 千克。

4. 水肥一体化技术

水肥一体化技术是将施肥与灌溉结合在一起的农业新技术。它是通过压力管道系统与安装在末级管道上的灌水器，将肥料溶液以较小流量均匀、准确地直接输送到作物根部附近的土壤表面或土层中的灌水施肥方法，可以把水和养分按照作物生长需求，定量、定时直接供给作物。其特点是能够精确地控制灌水量和施肥量，显著提高水肥利用率。

通过以上综合技术应用，可有效减少化肥施用量，推广前景良好。

三、黄河流域夏玉米化肥减量增效技术

（一）技术概述

该技术主要是针对过量施肥、肥料配比不合理、施肥时期和施肥方式不佳、重视化肥轻视有机肥和微肥以及耕地质量方面存在的问题，通过推广"精、调、改、替"的技术路径，促进化肥减量增效。通过推广测土配方施肥技术，实现精准施肥，减少化肥用量；通过推广机械化深施肥技术，减少化肥损失，通过提高化肥利用率，减少化肥用量；通过农家肥与化肥混合施用，增施微肥提高土壤肥力和肥料利用效率，可提高土壤有机质含量 0.1%和各种养分含量，减少玉米化肥施用量，实现减肥增效；通过推广新型施肥技术满足作物不同生育阶段水分和养分需要，提高肥料利用效率，实现化肥减量增效。

（二）技术效果

通过推广测土配方施肥技术、机械化深施肥技术、农家肥与化肥混合施用技术和新型施肥技术，可以大大降低玉米化肥使用量，每亩可减少化肥施用量（折纯）5千克。肥料成本降低的同时，玉米病虫害可大大减轻，玉米品质明显提高，玉米单产可增加50千克/亩以上。可使耕地质量提升，土壤有机质含量提高0.1%，对降低农业面源污染、保护环境也具有意义。

（三）适用范围

该项技术适用于黄河流域夏玉米产区，包括山东、河南、河北、安徽、山西等夏玉米主产区，“小麦—夏玉米”一年两熟种植模式，选择的玉米品种必须是适宜于当地种植的高产品种。

（四）技术措施

1. 测土配方施肥技术

以测土配方施肥为基础，合理制定针对不同土壤类型、肥力水平、玉米目标产量和作物亩均化肥施用限量标准，推广配方施肥，减少盲目施肥行为，减少化肥用量。目标产量600～700千克/亩需要每亩施氮（N）14～16千克、磷（P_2O_5）5～6千克、钾（K_2O）8～10千克、硫酸锌1千克，分2～3次施肥（种肥同播或苗期施肥、穗期施肥、粒期施肥），磷、钾肥及其他肥料苗期施用，氮肥苗肥占30%～40%、穗肥占50%～60%、粒肥占10%，在玉米行一侧8～10厘米处条施或沟施。测土配方施肥技术有针对性地补充玉米所需的营养元素，作物缺什么元素就补充什么元素，需要多少就补多少，实现各种养分平衡供应，满足玉米的需要，从而达到提高肥料利用率和玉米产量、降低生产成本、保护农业生态环境的目的。因此，通过配方施肥技术，可以大大降低玉米化肥使用量，降低肥料成本，玉米每亩增产 50 千克。

2. 机械化深施肥技术

机械化深施肥技术主要是指使用农业机械深施种肥（也称种肥同播）、深施追肥。机械化深施可以减少化肥（特别是氮肥）损失，使化肥利用率提高 5%，节省肥料成本，提高产量，增加效益。

3. 农家肥与化肥混合施用

以畜禽粪便和秸秆等有机废弃物为原料生产有机肥，易于积制、成本低、施用简单，是发展优质、高效、低耗农业的一项重要技术。充分腐熟的农家肥养分比较齐全，肥效持久而稳定。坚持化肥与农家肥混合施用，一可改良土壤理化性状，增强土壤肥力；二可使迟效与速效肥料优势互补；三可减少化肥的挥发与流失，增强保肥性能，较快地提高供肥能力；四可提高玉米抗逆性，改善品质，并减轻环境污染。在玉米苗期，通过在玉米行一侧 8～10 厘米沟施有机肥 1 000 千克/亩，可以改善土壤物理性状和化学性状，增强土壤微生物活性，提高土壤肥力和肥料利用效率，可提高土壤有机质和各种养分含量，减少玉米化肥施用量，实现减肥增效。

4. 推广新型施肥技术

一是施用高含量的多元复合肥，减少施用低含量的复混肥；二是积极施用高效有机无机复合肥；三是推广有机无机复混肥；四是配施高含量有益微生物的肥药兼用肥；五是应用高效缓控释肥、水溶性肥料、生物肥料、土壤调理剂等新型肥料；六是采用水肥一体化方法均匀施用液体肥料，加强水肥同步管理，促进水肥耦合与一体化下地，做到精准投放化肥，避免过量使用。根据作物不同生育期需肥规律，确定施肥次数、施肥时期和每次施肥量，按照肥随水走、少量多次、分阶段拟合的原则，合理确定基追肥比例，以及不同生育期灌溉施肥次数、时间、施用量等，满足作物不同生育阶段水分和养分需要，使肥料和水资源利用效率提高10%以上。

四、玉米农药减施增效技术

玉米农药减施增效技术主要是针对玉米病虫害防治，要从贯彻病虫害综合治理原则，实施重大病虫分区治理、联防联控策略，遵循“节本增效”技术路线，促进绿色防控技术措施与专业化统防统治融合等方面来促进农作物病虫害防控方式的转变和绿色防控技术的推广应用。

（一）防控目标

重点防控玉米螟、黏虫、棉铃虫、地下害虫和玉米大斑病、南方锈病、小斑病、褐斑病等“四虫四病”，防治处置率90%以上，综合防治效果85%以上，专业化统防统治率40%以上，危害损失率控制在5%以内，进一步扩大绿色防控技术推广使用面积。

（二）防控策略

针对玉米不同种植区域和生育期的重点病虫害，以绿色防控技术为支撑，大力推进专业化统防统治与绿色防控融合，实施秸秆粉碎还田、选用抗（耐）病虫品种，实施种子处理、苗期病虫害防治、赤眼蜂防螟和中后期病虫防治技术，实现节本增效，保障玉米生产安全。

（三）防控措施

1. 不同区域防控重点

（1）北方春播玉米区。重点防控玉米螟、双斑长跗萤叶甲、地下害虫、黏虫、大斑病、茎腐病、玉米线虫矮化病、灰斑病。

（2）黄淮海夏播玉米区。重点防控玉米螟、棉铃虫、二代黏虫、玉米蚜虫、二点委夜蛾、蓟马、茎腐病、南方锈病、褐斑病、弯孢霉叶斑病、小斑病、粗缩病。

（3）西南山地丘陵玉米区。重点防控玉米螟、黏虫、纹枯病、大斑病、灰斑病、穗腐病。

（4）西北玉米区。重点防控地下害虫、玉米蚜虫、叶螨、玉米螟、双斑长跗萤叶甲、茎腐病和大斑病。

2. 主要病虫防治技术措施

（1）玉米螟。秸秆粉碎还田，减少虫源基数；越冬代成虫羽化期使用杀虫灯结合性诱剂诱杀；成虫产卵初期释放赤眼蜂灭卵。心叶末期喷洒苏云金杆菌、白僵菌等生物农药，或选用四氯虫酰胺、氯虫苯甲酰胺、高效氯氟氰菊酯、甲氨基阿维菌素苯甲酸盐等杀虫剂喷施。

（2）地下害虫及蓟马、蚜虫、灰飞虱、甜菜夜蛾、黏虫、棉铃虫等苗期害虫。利用含有噻虫嗪、吡虫啉、氯虫苯甲酰胺、溴氰虫酰胺等成分的种衣剂进行种子包衣。

（3）根腐病、丝黑穗病和茎腐病等。选用抗病品种，选用精甲·咯菌腈、苯醚甲环唑、吡唑醚菌酯或戊唑醇等成分的种衣剂进行种子包衣。

（4）玉米叶斑类病害。选用抗病品种，合理密植，科学施肥。在玉米心叶末期，选用苯醚甲环唑、烯唑醇、吡唑醚菌酯等杀菌剂喷施，视发病情况隔 7～10 天再喷一次，褐斑病重发区在玉米 8～10 叶期用药防治。与芸苔素内酯等混用可减量增效。

（5）玉米纹枯病。选用抗（耐）病品种，合理密植。发病初期剥除茎基部发病叶鞘，喷施生物农药井冈霉素 A，或选用菌核净、烯唑醇、代森锰锌等杀菌剂喷施，视发病情况隔 7～10 天再喷一次。

（6）玉米蚜虫。玉米抽雄期，蚜虫盛发初期喷施噻虫嗪、吡虫啉、吡蚜酮等药剂。

（7）玉米叶螨。播种至出苗前，清除田边地头杂草。点片发生时，选用哒螨灵、噻螨酮、炔螨特、阿维菌素等喷雾，重点喷洒田块周边玉米中下部叶背及地头杂草。

（8）棉铃虫。产卵初期释放螟黄赤眼蜂灭卵，或卵孵化盛期选用苏云金杆菌制剂、甲氨基阿维菌素苯甲酸盐、氯虫苯甲酰胺等喷雾防治。

（9）二点委夜蛾。耕冬闲田，播前灭茬或清茬，清除玉米播种沟上的覆盖物。利用含有丁硫克百威、溴氰虫酰胺等药剂成分的种衣剂进行种子包衣。应急防治可选用氯虫苯甲酰胺、甲氨基阿维菌素苯甲酸盐等，可采用喷雾、毒饵诱杀或撒毒土等方式。

（四）专业化统防统治主推技术

1. 秸秆处理、深耕灭茬技术

采取秸秆综合利用、粉碎还田、深耕土壤、播前灭茬，压低病虫源基数。

2. 成虫诱杀技术

在害虫成虫羽化期，使用杀虫灯诱杀，对玉米螟越冬代成虫可结合性诱剂诱杀。

3. 种子处理技术

根据地下害虫、土传病害和苗期病虫害种类，选择适宜的种衣剂实施种子统一包衣。

4. 苗期害虫防治技术

根据苗期二代黏虫、蓟马、灰飞虱、甜菜夜蛾、棉铃虫的发生情况，选用适宜的杀虫剂喷雾防治。使用烟嘧磺隆除草剂的地块，避免使用有机磷农药，以免发生药害。

5. 中后期病虫防治技术

心叶末期，统一喷洒苏云金杆菌、白僵菌等生物制剂防治玉米螟幼虫；根据中后期叶斑病、穗腐病、玉米螟、棉铃虫、蚜虫和双斑长跗萤叶甲等病虫的发生情况，合理混配杀虫剂和杀菌剂，控制后期病虫危害。推广使用高秆作物喷雾机和航化作业，提升中后期防控作业能力。

6. 赤眼蜂防虫技术

在玉米螟、棉铃虫、桃蛀螟等害虫产卵初期至卵盛期，选用当地优势蜂种，每亩放蜂 1.5 万～2 万头，每亩设置 3～5 个释放点，分两次统一释放。

第三章
蔬菜化肥农药减施增效技术

第一节　设施番茄化肥农药减施增效技术

一、华北地区设施番茄化肥减量增效技术

（一）技术概述

番茄是连续开花的蔬菜，生长期较长，产量较高，生长期对养分的需要量较大，吸收养分以钾为主，氮次之，吸收磷养分较少。每生产 1 000 千克番茄，需吸收氮 2.6～4.6 千克（平均 3.5 千克）、磷 0.5～1.3 千克（平均 1.0 千克）、钾 3.3～5.1 千克（平均 4.2 千克）。在设施番茄生产中菜农受传统生产方式、经验性施肥的影响；在施肥管理上出现了一些亟待解决的问题，形成了番茄生产的土壤障碍，主要表现在四个方面。一是土壤有益微生物缺乏。目前采用的土壤消毒技术如高温闷棚、熏蒸等，在杀灭有害病菌的同时，也杀死了有益微生物，造成了土壤中有益微生物骤减，影响了蔬菜根系生长和对营养物质的吸收。二是连年过量施用化肥破坏了土壤物理性状，导致土壤板结。三是土壤氮、磷、钾养分比例失衡。四是土壤出现次生盐渍化。

增施有机肥及应用水肥一体化技术是番茄化肥减量增效的有

效技术。同时，有机肥既能减少化肥用量，又可改良土壤、提高肥力。番茄推广水肥一体化技术可节肥30%以上，是减少化肥用量的最佳措施。

（二）技术效果

本技术主要在测土配方施肥技术的基础上，通过增施生物有机肥、水肥一体化等技术措施实现科学施肥，改善土壤物理性状，促进根系发育，提高植株对养分的吸收，延缓植株衰老，提高番茄产量，实现减少化肥用量30%、节水50%、番茄增产10%以上的目标。

（三）适用范围

适用于北纬35°～37°地区日光温室保护地番茄栽培。亩产量可达15 000千克以上。适用土壤类型为褐土、潮土等；土壤质地为轻壤或中壤。

（四）技术措施

在日光温室中，通过基施生物有机肥、栽培管理中配合水肥一体化技术等措施，实现化肥的减量增效。

1. 基施生物有机肥料

采用高温闷棚，选择晴天，土壤深耕后覆盖大棚膜和地膜，使中午前后棚内最高气温达60℃以上。进行高温闷棚5～7天或者采取土壤火焰高温消毒等方式杀灭棚内病菌和虫卵。土壤处理后，生物有机肥按照每亩1 000千克的用量均匀撒于土壤表面并旋耕于地下或者开沟施用；同时亩基施配方为10－20－15的复混肥料30～50千克。

2. 番茄生长过程中肥水管理

水肥一体化技术可以把水肥直接输送到根系最发达部位，充分发挥养分的作用和促进根系的快速吸收。

（1）浇水。根据番茄需水规律、土壤墒情、根系分布、土壤性状、设施条件和技术措施，制定灌溉制度，内容包括番茄全生育期的灌水量、灌水次数、灌溉时间和每次灌水量等。根据番茄根系状况确定湿润深度（0.2～0.3米）。番茄灌溉上限控制田间持水量在85%～95%，下限控制在55%～65%。移栽时浇一次透水，灌溉量每亩40米^{3}左右，到幼苗7～8片真叶展开开始滴灌。冬季浇水应根据天气变化情况加以合理掌握，并做到"下午不浇上午浇，阴天不浇晴天浇"；每次浇水都要随水冲施水溶肥料。选择滴头流量1升/时，滴头间距0.2米，滴灌带间距0.7米；垄间距1.4米，每垄2条滴灌带。不同生育期灌溉时间见表3-1。

表3-1 设施番茄不同茬口浇水时间

时间	日光温室春茬口番茄灌溉方案		秋冬茬口番茄灌溉方案	
	生育期	灌溉时间（分/周）	生育期	灌溉时间（分/周）
1月中旬至月底	定植—花前	30	拉秧	50
2月上旬至中旬	花期—坐果	50	—	—
2月中旬至月底	花期—坐果	60	—	—
3月上旬至月底	坐果—果实膨	150	—	—
4月上旬至中旬	果实膨大—收	300	—	—
4月中旬至6月上旬	收获	300	—	—
6月上旬至中旬	拉秧	350	—	—
7月中旬至月底	—	—	定植—花前	180
8月上旬至月底	—	—	花期—坐果	200
9月上旬至月底	—	—	坐果—果实膨大	300
10月上旬至11月中旬	—	—	果实膨大—收获	200
11月中旬至收获	—	—	收获	100

（2）追肥。结合浇水，利用水肥一体化技术追施水溶肥料。番茄幼苗期需肥量较小，用肥量要少而精，确保根、茎、叶生长以及花芽分化。到坐住第一穗果始，需肥量开始逐渐增加。第一穗果开始膨大到收获，对养分的吸收量猛增，要求及时、足量地追施肥料，并且营养元素比例要合理。根据土壤养分含量状况确定施肥量，具体情况见表3-2和表3-3。

表3-2　日光温室番茄各生育期养分推荐施用量

适宜土壤养分条件	生育期	氮（千克/亩）	磷（千克/亩）	钾（千克/亩）	目标产量（千克/亩）
土壤有效磷80～200毫克/千克；速效钾250～400毫克/千克	定植—花期	0.5	1.0	1.0	10 000
	花期—坐果	5.5	5.0	4.0	
	坐果—第一次收获	6.0	3.0	11.0	
	收获期	26.0	10.0	34.0	
	全生育期	40.0	19.0	50.0	
土壤有效磷高于200毫克/千克；速效钾高于400毫克/千克	定植—花期	0.5	1.0	1.0	10 000
	花期—坐果	5.5	4.0	3	
	坐果—第一次收获	6.0	1.5	6	
	收获期	24	3.5	30	
	全生育期	38	10.0	40	

注：请参照日光温室番茄土壤养分含量丰缺状况确定施肥数量；此表数据仅供参考。

表3-3　日光温室番茄土壤养分丰缺情况

养分分级标准	土壤有机质含量（克/千克）	土壤pH	土壤碱解氮含量（毫克/千克）	土壤有效磷含量（毫克/千克）	土壤速效钾含量（毫克/千克）
1	≤10	≤5.5	≤50	≤50	≤100
2	10～20	5.6～6.5	50～150	50～70	100～200
3	20～30	6.5～7.5	150～250	70～120	200～300
4	30～40	7.5～8.5	250～300	120～150	300～400
5	>40	>8.5	>300	150	>400

二、黄淮海平原设施番茄膜下滴灌水肥一体化技术

（一）技术概述

设施番茄膜下滴灌水肥一体化是集地膜覆盖、微灌、施肥为一体的灌溉施肥技术。根据作物需水需肥规律、土壤状况等因素，借助压力系统（或地形自然落差），将适宜配比的可溶性固体或液体肥料，以微灌系统为载体，实行水肥耦合，通过管道和滴头形成滴灌，均匀、定时、定量供应水分和养分，以解决灌溉与施肥系统不配套、肥料配方针对性不强、水溶肥料溶解性不高等问题，实现水肥同步管理和高效利用。在测土配方施肥基础上，设施番茄应用膜下滴灌水肥一体化技术，能有效地将灌溉和施肥结合起来，精确调控土壤水分和作物所需养分。

（二）技术效果

与传统灌溉和施肥相比，设施番茄应用膜下滴灌水肥一体化技术，能显著节水、节肥、增产，有效防止土壤次生盐渍化。水分利用效率可提高40%～60%，肥料利用率可提高30%～50%，番茄增产10%～20%。

（三）适用范围

江苏黄淮海平原实行设施番茄栽培的区域，主要包括淮安、宿迁、徐州、连云港所有县（市、区）及盐城部分县（市、区）。

（四）技术措施

1. 产地环境

应选择不受污染源影响或污染物含量限制在允许范围之内，生态环境良好的农业生产区域。实施区域应地势开阔平坦、水源

清洁。

2. 灌溉水质

（1）水源。水源应清洁、无污染，灌溉水质符合 GB 5084—2005《农田灌溉水质标准》的生食类蔬菜灌溉水质相关要求。

（2）水质净化。对于水质达不到使用标准要求的地表水或循环用水，应采取水质净化措施。通常将灌溉水引入蓄水池澄清过滤后再使用。如灌溉水受污染、杂质多时，可根据污染物性质和污染程度在灌溉水中加入污水净化剂，将污染物分解、吸附、沉淀，使其符合 GB 5084—2005《农田灌溉水质标准》要求。

3. 设施安装

（1）管网系统。

①给水管。给水管一般使用硬聚氯乙烯管材及管件，应符合 GB/T 10002.1—2006《给水用硬聚氯乙烯（PVC-U）管材》和 GB/T 10002.2—2016《给水用硬聚氯乙烯（PVC-U）管件》的规定。给水管先端宜安装止回阀使给水管内一直充满水，方便水泵启动。

②输送管网。一般采用三级管网，即主干管、支管和滴灌带（或滴灌管，下同）。主干管、支管常用硬聚氯乙烯管材和管件，应符合 GB/T 13664—2006《低压输水灌溉用硬聚氯乙烯（PVC-U）管材》的要求。通常在整地起畦后铺设滴灌带，可沿畦中间铺设 1 条滴灌带或沿畦两边的种植沟铺设 2 条滴灌带。滴灌带有内镶式和单翼迷宫式，额定工作压力通常为 50～150 千帕，滴灌孔流量一般为 1.0～3.0 升/时。

（2）动力装置。动力装置由水泵和动力机构成。根据田间灌溉水的扬程、流量选择适宜的水泵，并略大于工作时的最大扬程和最大流量，其运行工况点宜处在高效区的范围内，选择好配套动力机。田间灌溉水流量一般为每亩 1～4 吨/时。供水压力 150～200 千帕为宜。采用水压重力灌溉时要求供水塔与灌溉区的高度差达 10 米以上。

（3）水肥混合装置。

①母液贮存罐。选择塑料等耐腐蚀性强的贮存罐，根据田块面积和施肥习惯选用适当大小的容器。

②施肥设备。根据具体条件选用注射泵、文丘里施肥器、施肥罐或其他泵吸式施肥装置。

注射泵：使用水力驱动注射泵或动力驱动注射泵，将肥料母液注入灌溉系统，通过调节水肥适宜混合比例和施肥时间精确控制施肥量。

文丘里施肥器：利用水流在管道狭窄处形成高速射流后使管径壁产生负压，将肥料母液从侧壁小孔吸入灌溉系统。通过调节肥料母液管的孔径大小来控制施肥浓度。

施肥罐：施肥罐的进、出口由 2 根细管分别与灌溉系统的管道相连接，在主管道上 2 条细管接点之间设置一个截止阀以产生一个较小的压力差，使一部分水从施肥罐进水管直达罐底，水溶解罐中肥料后，肥料溶液由出水管进入灌溉系统，将肥料带到作物根区。

自压微灌系统施肥装置：将肥料母液贮存罐安装在高于蓄水池水面 1.0 米以上的位置，通过阀门和三通与给水管连接，肥料母液通过自身重力和水泵吸力流入灌溉系统，调节控制肥料母液流量和施肥时间，精确控制施肥量。

（4）过滤装置。如果利用地表水进行灌溉，常使用叠片式过滤器过滤灌溉水，以使用 125 微米以上精度的叠片过滤器为宜。蓄水池的吸水管末端和肥料母液的吸肥管末端都宜使用 0.15 毫米以上精度的叠片过滤器。

（5）控制系统。

①手动控制系统。安装压力表监测系统。通过人工操作，完成对水泵、肥料母液贮存罐阀门的开启、关闭等作业，确定适宜的灌溉时间和灌溉定额等。

②自动控制系统。主要由中央控制器、自动阀门、水分传感器、压力传感器等组成。根据作物需水需肥的参数预先编好灌溉施肥的电脑控制程序，可长期自动启闭，进行灌溉和施肥。

4. 番茄种植要点

（1）品种选择。一般选用丰产、坐果率高、果实发育快、中型或者大型、抗病性强、高产优质的杂交一代品种。

（2）茬口安排。一般春季温室在 12 月中旬育苗，在第二年的 1 月底或 2 月初定植。春大棚番茄一般在 1 月中下旬播种，3 月中旬定植，秋大棚番茄一般在 6 月上中旬播种即可。

（3）整畦施肥。前茬作物收获后及时整地，清除上茬作物秸秆。深耕应结合增施基肥，每亩施用腐熟有机肥 3～5 米^3、配方肥 50～75 千克，搅拌均匀，回土起垄，垄高 15～20 厘米，垄宽 40 厘米，每亩定植 2 500～3 000 株，株距 35～45 厘米。同时铺设滴管，覆好地膜。

（4）追肥。

①肥料选择。选择与其他肥料混合不产生沉淀、不会影响灌溉水 pH、水溶性好的固体肥或高浓度的液体肥，如尿素、磷酸二氢钾、硝酸钾、硝酸铵、氯化钾等，或根据田间试验，筛选确

定养分配比适宜的追肥品种。

②施肥品种与用量。定植至开花期滴灌 2 次，第一次滴灌可不施肥，每亩用水量为 15 米^3。第二次滴灌每亩施肥量为尿素 10.9 千克、硫酸钾 8 千克，用水量为 14 米^3 左右。结果期根据气温情况，约每隔 15 天滴灌施肥 1 次，一般每亩用水量为 8～18 米^3，施尿素 8.7 千克、硫酸钾 10 千克。果实采收期一般15～20 天进行 1 次滴灌施肥，具体时间以天气情况或土壤墒情确定。每亩施尿素 8.7 千克、硫酸钾 10 千克，用水量 12～18 米^3。气温高时，7～10 天浇 1 次水，每亩用水量可增加到 15～18 米^3。

③追肥方法。追肥时先用清水滴灌 5 分钟以上，然后打开肥料母液贮存罐的控制开关使肥料进入灌溉系统，通过调节施肥装置的水肥混合比例或调节控制肥料母液流量的阀门，使肥料母液以一定比例与灌溉水混合后施入田间。注意水肥混合液的 EC 值宜控制在 0.5～1.5 毫西/厘米，不能超过 3.0 毫西/厘米。

（5）设施维护。

①过滤器。选用带有反冲洗装置的叠片式过滤器，否则应定期拆出过滤器的滤盘进行清洗，保持水流畅通，并经常监测水泵运行情况，一般过滤器前后压力差应为 10～60 千帕，若超过 80 千帕表明过滤器已被堵塞，应尽快清洗滤盘片。

②滴灌带。滴肥液前先滴 5～10 分钟清水，肥液滴完后再滴 10～15 分钟清水，以延长设备使用寿命，防止肥液结晶堵塞滴灌孔。发现滴灌孔堵塞时可打开滴灌带末端的封口，用水流冲刷滴灌带内杂物，使滴灌孔畅通。

三、设施番茄绿色防控技术

设施番茄生产的茬口较多，主要有冬春茬温室番茄、春茬温室和大棚番茄、夏秋茬温室和大棚番茄。不同茬口主要病虫种类有所不同，冬春茬温室或大棚番茄主要病虫有灰霉病、晚疫病、叶霉病，蚜虫、烟粉虱；局部地区还有根结线虫病、灰叶斑病、溃疡病等。夏秋茬温室或大棚番茄主要病虫有黄化曲叶病毒病、蕨叶病毒病、根结线虫病、晚疫病、叶霉病、灰叶斑病，蚜虫、烟粉虱、棉铃虫；不少地区还零星发生疫病、溃疡病等。依据病虫发生的初始来源，病虫全程绿色防控重点是强调产前、产中、产后各项防治技术措施的有机结合和优化集成，做好病虫源头控制，尽量不让病虫发生，或发生很晚、很轻，真正实现“源头控制，预防为主，综合防控”。其核心内容包括：产前生产环境整体清洁，无病虫育苗，棚室表面消毒，土壤消毒；产中在优化栽培管理、双网覆盖、黄板诱杀的基础上，配合生物或化学药剂综合防控；产后及时无害处理蔬菜带病虫残体。

1. 园区清洁

彻底清除生产基地或园区内各种植株残体和生产废弃包装物，清除杂草，集中进行无害处理。因地制宜选用抗病优良品种。抗番茄黄化曲叶病毒病可选用浙粉 702、硬粉 8 号；抗根结线虫病可选用仙客系列，如仙客 8 号等。

2. 培育无病虫壮苗

苗棚在育苗前用药剂进行表面消毒和土壤消毒。表面消毒可每亩用 1 升 20% 辣根素水乳剂兑 3～5 升清水，对空喷雾后密闭熏蒸 4～6 小时，或每亩选用 20% 腐霉利烟剂和 22% 敌敌畏烟剂各 0.25～0.50 千克熏闷 12～24 小时；育苗基质消毒可选用移动式臭氧农业垃圾处理装置熏蒸处理，或每立方米用 20%辣根素水乳剂 10～15 毫升密闭熏蒸 12 小时后散气 1～2 天；苗床土壤消毒可选用98% 噁霉灵可湿性粉剂 2 000～2 500 倍液喷淋。预防溃疡病宜用种子质量0.4% 的 47% 春雷·王铜可湿性粉剂拌种，或采用 1% 稀盐酸浸种 40～60 分钟后洗净催芽播种。夏秋季在出入口和通风口设置 50 目防虫网防止烟粉虱和蚜虫传入，必要时在正午覆盖遮阳网，预防病毒病发生。苗棚内挂设黄板诱杀可能残存的害虫。移栽前根据病虫发生情况，必要时喷施一次药剂预防病虫。

3. 棚室表面消毒

定植前在通风口和出入口设置好防虫网，关闭棚室，将滴灌管铺设完毕后每亩用施肥罐将 20% 辣根素水乳剂 1.0～1.5 升通过滴灌系统随水施入土壤表面，保持棚室密闭 12 小时，从土壤表面散出的辣根素将彻底熏蒸杀灭棚室表面传带的各类病菌和小型害虫；或采用 10% 苯醚甲环唑水分散粒剂1 000倍液和 5% 阿维菌素水乳剂 3 000 倍液均匀喷洒棚室土壤、墙壁、棚膜、缓冲间（耳房）等，进行棚室表面消毒。

4. 土壤消毒

定植前 2～3 天将滴灌管覆好膜，每亩用施肥罐将 20% 辣根素水乳剂 4～6 升通过滴灌系统随水滴入土壤耕作层，密闭熏蒸 12～24 小时，可有效杀灭土壤传带的根结线虫、疫病、枯萎病、溃疡病等各类病虫和杂草。处理后最好施入生物有机肥，补充有益微生物。

5. 病虫综合防控

（1）灰霉病。采用熊蜂、蜜蜂或振荡器授粉可以有效防治灰霉病，显著减少灰霉病烂果。也可在番茄开花期和果实坐住浇催果水前选用含孢子 106 个/克寡雄腐霉可湿性粉剂 6 000～

10 000 倍液，或 40% 嘧霉胺悬浮剂 800～1 000 倍液均匀喷花和喷果。生长期发现病果、病叶、病枝及时清除，带到棚室外集中妥善处理，切忌乱扔。

（2）晚疫病。加强监测，发现中心病株、中心病叶及时摘除，带到棚室外集中妥善处理，适当提高管理温度，控制浇水，同时进行药剂防治。可选用含孢子 106 个/克寡雄腐霉可湿性粉剂 6 000～10 000 倍液，或 68.75% 氟菌·霜霉威（银法利）悬浮剂 2 500 倍液喷雾。

（3）叶霉病。于发生前期或初期选用含芽孢 80 亿个/毫升枯草芽孢杆菌 200 倍液，或含孢子 106 个/克寡雄腐霉可湿性粉剂 6 000～10 000 倍液，或 47%春雷·王铜可湿性粉剂 600 倍液，或 10%苯醚甲环唑水分散粒剂 1 500 倍液喷雾。

（4）疫病死秧。个别棚室在番茄幼株期发生疫病死秧，及时拔除病株后适当中耕松土，避免大水漫灌，必要时选用 72% 霜脲·锰锌可湿性粉剂 600 倍液，或 68.75% 氟菌·霜霉威（银法利）悬浮剂 1 500 倍液喷淋根茎部。

（5）溃疡病防控。加强监测，一旦发病及时清除中心病株、残体及病叶，适当控制浇水，增加棚室通风。可选用 47% 春雷·王铜可湿性粉剂 600～800 倍液，或 10% 噻菌铜可湿性粉剂 1 000～1 200 倍液，或硫酸链霉素·土霉素、农用链霉素喷雾和灌根，控制病害发展。

（6）灰叶斑病。发病初期选用 80% 代森锰锌可湿性粉剂 600 倍液，或 40% 氟硅唑乳油 8 000 倍液喷雾，中后期选用 10% 苯醚甲环唑水分散粒剂 2 000 倍液，或 25% 嘧菌酯悬浮剂 2 500～3 000 倍液喷雾，7～10 天防治 1 次。

（7）烟粉虱及蚜虫等害虫。棚室表面、土壤消毒前在通风口和出入口设置好 50 目防虫网阻隔害虫进入，防止定植和生产管理时将害虫带入；结合定苗、绑蔓和打杈管理，随时清除部分棉铃虫、烟粉虱的虫卵、幼虫及有虫叶等。烟粉虱、蚜虫成虫防控早期可挂设 30 厘米×40 厘米 带引诱剂的黄板，每隔 10～12 米挂一块，悬挂高度以高出番茄生长点 5 厘米为宜。药剂防治宜在虫口密度较低时进行，烟粉虱、蚜虫每亩可选用 20% 辣根素水乳剂 1 升常温烟雾施药，或 5% 阿维菌素水乳剂 2 500～3 000 倍液，或 99% 绿颖矿物油 1 升喷雾防治。棉铃虫防治宜在低龄期进行，蛀果以后需在清晨或傍晚害虫外出活动时期施药，可选用 12.5% 高效氯氰菊酯（保富）悬浮剂 8 000 倍液，或 5% 阿维菌素水乳剂 2 000～2 500 倍液喷雾。

6. 病虫残体无害处理

茄拉秧后，将番茄植株集中清理到棚室外，选择平整向阳的地方堆放，并用废旧棚膜覆盖，四周用土压实，进行高温堆沤杀灭残存病虫，棚膜破损需及时用宽胶带粘补；有条件的最好采用移动式臭氧农业垃圾处理装置就地快速粉碎后进行高浓度臭氧除害处理，实现资源就地利用。

四、露地番茄绿色防控技术

（1）实行稻旱轮作栽培，与茄科蔬菜连作，最好间隔 2～3 年。选择地下水位低，土层深厚，排灌方便，疏松肥沃的地块进行栽培。在选定的田块内，头一年土壤封冻前深翻 25～30 厘米，以便积蓄雨雪，使土壤充分熟化，并可冻死部分地下害虫。

（2）清园处理。冬前及时清理地块内上茬作物的植株，减少病原菌的越冬寄主。

（3）种植抗病品种。由于病毒病一旦发病，难以救治，因此，生产中可以种植抗病品种避免病毒病危害。

（4）种子处理。精甲咯菌腈拌种，可有效减少种子上携带的病原菌，降低出苗后晚疫病、早疫病等病害的发病概率，同时预防立枯病、猝倒病、茎基腐病等苗期病害。

（5）预防传毒昆虫，切断传播途径。可在苗期喷施联苯噻虫胺或噻虫嗪，对蚜虫、蓟马或粉虱进行预防。番茄定植后，利用蚜虫、粉虱成虫对黄色（或蓝色）具有强烈的趋性，悬挂黄（蓝）板进行黏着诱杀。

（6）及时整枝打杈，保障通风，降低发病概率。

（7）化学防治。早疫病、晚疫病和绵疫病在连阴雨天发病最重，因此连续阴雨天气之前，做好预防措施尤为关键。可选择68.75%噁唑锰锌 500 倍液喷雾预防。阴雨天气后，早疫病一旦发病可喷施 10%苯醚甲环唑 1 500 倍液或 40%腈菌唑 3 000 倍液；晚疫病或绵疫病可喷施烯酰吗啉或精甲霜灵进行治疗。

第二节 黄瓜化肥农药减施增效技术

一、华北地区设施黄瓜化肥减量增效技术

（一）技术原理

黄瓜根系稀疏且浅，吸肥能力弱，喜湿但不耐涝，喜肥但不耐肥。每生产 1 000 千克黄瓜果实约需吸收氮（N）4.0 千克、磷（P_2O_5）3.5 千克、钾（K_2O）5.5 千克，黄瓜为喜硝态氮和喜钾肥作物。氮、钾肥的利用率为 45%～50%，磷肥约为 35%。

黄瓜定植后30天内吸氮量直线上升，到生长中期吸氮量最多；进入生殖生长期，对磷的需要量剧增，而对氮的需要量略减；黄瓜全生育期都吸收钾。在典型大棚土壤养分含量（pH=7.5）为有机质16.0克/千克，碱解氮110毫克/千克，有效磷50毫克/千克，速效钾200毫克/千克，土壤的氮、磷、钾供肥系数分别为0.6、0.4和0.6。肥料当季利用率分别为45%、30%和50%的条件下，达到每亩15 000千克的产量需要施入纯氮（N）113.3千克、磷（P_2O_5）163.0千克、钾（K_2O）129.0千克。

（二）技术效果

本技术是在遵从黄瓜生物学特性与需肥规律基础上，通过覆盖地膜、水肥微灌等措施实现按需供肥，并重点通过前期施用功能肥料，促进根系发育，提高植株对养分的吸收，延缓植株衰老，变秋冬茬、冬春茬两短茬为秋冬春一长茬，延长植株采收期。黄瓜亩产量可达到15 000千克以上，且采收季从冬到夏，正是蔬菜价格走俏时期，增产增收效果显著；与习惯施肥方法相比，可节约肥料。

（三）适用范围

适用于北纬35°～37°地区日光温室保护地栽培。主要适用于华北型黄瓜等大果型黄瓜品种，亩产量可达15 000千克以上。适用土壤类型为褐土、潮土等，质地最好为轻壤或中壤。

（四）技术措施

在日光温室中，在开展测土配方施肥、水肥一体化等措施基础上，与嫁接商品种苗、地膜覆盖、膜下微灌、绿色病虫害防控等措施有机结合，实现化肥的减量增效施用。

1. 基肥的施用

基肥包括有机肥与化肥。

（1）有机肥的施用。有机肥的种类包括多种容易获得的有机肥源（各种圈肥、禽畜粪、稻壳肥、沼渣、沼液、饼肥等）、商品有机肥以及促进根系生长的功能活性炭微生物菌剂产品（液体、固体）。

①施用时期。不含微生物的有机肥的最佳施用时期为整地闷棚时，若有机肥腐熟比较完全也可在闷棚后施用，距离夏末黄瓜苗栽植要在一周以上，最适宜时期为 8 月下旬。促进根系生长的微生物产品最佳施用时期为植株定植以及定植后一个月。

②施用量。农家肥（圈肥、禽畜粪、稻壳肥等）4 000 千克/亩（约 10 米^3/亩），或商品有机肥 500～1 000 千克/亩，饼肥 300 千克/亩，活性炭微生物菌剂 60 千克/亩，微生物菌剂液体 5 千克/亩。

③施用方法。普通农家肥施用采取撒施畦表，然后旋耕混匀；饼肥与微生物菌剂固体可采用定植前穴施，每穴施用饼肥 0.1～0.15 千克，活性炭微生物菌剂 0.02～0.03 千克，定植后可再随水冲施液体微生物菌剂 5 千克/亩促进幼苗生根。

④注意事项。有机肥要利用夏季高温时期提前进行腐熟，即使闷棚具有一定的腐熟作用，也要避免直接施用鲜物。

（2）化肥的施用。大棚黄瓜苗期需肥较少，基肥中施用化肥的作用主要是满足作物苗期的养分需要，同时平衡土壤中碳氮比（C/N）。

①采用单质化肥的类型和用量。按需氮肥总量的 30%施用，纯氮（N）施用量为每亩 34.0 千克，单质氮肥以硝酸铵或尿素为主（禁用碳酸氢铵），折合尿素为 73.9 千克。按需磷肥总量的

50%施用，纯磷（P_2O_5）施用量为81.5千克，磷肥以过磷酸钙为主，折合为452.8千克。按需钾肥总量的40%施用，纯钾（K_2O）施用量为51.6千克，钾肥以硫酸钾为主（忌用氯化钾），折合为103.2千克。

②采用复合肥的配方和用量。按照单质化肥同样的比例，基肥建议配方为10－24－15，15 000千克亩产量下每亩用量为340千克。

③施肥时期与方法。最佳时期在9月底，平地整畦后进行，距黄瓜幼苗移栽一周左右。可利用小型施肥机械，沿栽植沟划施，也可沿栽植沟开沟施入再掩埋。

2. 追肥

追肥是最重要的促产措施，追肥的类别包括水溶肥、叶面肥以及微生物菌剂等活性肥料等，建议采用水肥一体化技术进行施肥，叶面喷施只适合黄瓜生长后期植株根系吸收能力下降时进行。

（1）追肥类型与用量。

①采用单质化肥的类型和用量。按氮肥总量的70%施用，纯氮（N）施用量为每亩79.3千克，单质氮肥以硝酸铵或尿素为主（禁用碳酸氢铵），折合尿素为172.5千克。按磷肥总量的50%施用，纯磷（P_2O_5）施用量为每亩81.5千克，磷肥以过磷酸钙为主，折合为452.8千克。按钾肥总量的60%施用，纯钾（K_2O）施用量为每亩77.4千克，钾肥以硫酸钾为主（忌用氯化钾），折合为154.8千克。

②采用复合肥的配方和用量。按照单质化肥同样比例，追肥建议肥料配方为15－15－15，施用量为每亩793千克。

③施肥时期与方法。追肥一般采取随水冲施的形式进行。浇水一般每周进行一次，采用水肥一体化和膜下灌溉技术。除栽植后第一水加入微生物菌剂促生根外，第二水、第三水一般不随水冲肥，到黄瓜开花坐果时重施花果肥，盛果期水肥供应要充足，4月后可增加随水冲施微生物菌肥。建议的水肥制度如表3-4所示。

表3-4 大棚黄瓜灌溉施肥表

时间	措施	施肥量（千克/亩）			其他
		氮（N）	磷（P_2O_5）	钾（K_2O）	
9月下旬	施用有机肥与化肥	34	81.5	51.6	—
10月第一次	定植水	0	0	0	微生物肥料
10月第二次	灌溉施肥	0	0	0	微生物肥料
10月第三次	灌溉施肥	0	0	0	微生物肥料
10月第四次	灌溉施肥	4	4	4	—
11月第一次	灌溉施肥	5	5	5	—
11月第二次	灌溉施肥	5	5	5	—
11月第三次	灌溉施肥	6	6	6	—
11月第四次	灌溉施肥	6	6	6	—
12月第一次	灌溉施肥	5	5	5	—
12月第二次	灌溉施肥	5	5	5	—
12月第三次	灌溉施肥	5	5	5	—
12月第四次	灌溉施肥	4	4	4	—
1月第一次	灌溉施肥	4	4	4	—
1月第二次	灌溉施肥	4	4	4	—
1月第三次	灌溉施肥	3	3	3	—
1月第四次	灌溉施肥	3	3	3	—
2月第一次	灌溉施肥	3	3	3	—
2月第二次	灌溉施肥	3	3	3	—

（续）

时间	措施	施肥量（千克/亩）			其他
		氮（N）	磷（P_2O_5）	钾（K_2O）	
2月第三次	灌溉施肥	2	2	2	—
2月第四次	灌溉施肥	2	2	2	—
3月第一次	灌溉施肥	2	2	2	—
3月第二次	灌溉施肥	2	2	2	—
3月第三次	灌溉施肥	2	2	2	—
4月第一次	灌溉施肥	2	2	2	微生物肥料
4月第二次	灌溉施肥	1	1	1	微生物肥料
4月第三次	灌溉施肥	1	1	1	微生物肥料
5月第一次	灌溉施肥	1	1	1	微生物肥料

3. 根外施肥

黄瓜进行根外施肥的作用主要是在提高植株衰老时对养分的吸收，以及纠正植株生长不良症状。建议的黄瓜根外施肥时期、浓度和作用见表3-5。

表3-5　黄瓜根外施肥

时间	种类、浓度	作用	备注
10月至翌年3月	0.3%～0.4%的硼砂	提高坐果率	可每月喷施一次
3月中旬以后	1%～2%尿素或0.3%磷酸二氢钾溶液	促进植株长势	黄瓜生育后期可每周喷施一次

二、辽宁中西部地区设施黄瓜减肥增效技术

（一）技术概述

秸秆生物反应堆和水肥一体化技术结合，可以改善设施大

棚黄瓜传统施肥存在的诸多问题，如土壤板结与盐渍化、土传病害连年发生黄瓜产量与品质下降以及土壤与生态环境的污染等。该技术模式应用最大的优点就是可以直接和间接地改善与缓解上述问题，有利于设施蔬菜的良性、可持续性的发展。

秸秆生物反应堆技术即在设施蔬菜种植行间，挖沟铺设作物秸秆，拌上特制的菌种，使秸秆快速分解放出大量二氧化碳、热量。大量的有机质留在大棚的土壤中，会使土壤变得肥沃而且松软，为根系生长创造良好的环境，从而大幅度提高设施黄瓜产量，改善黄瓜品质。

水肥一体化技术是将灌溉与施肥融为一体的农业新技术。水肥一体化是借助压力系统或地形自然落差，将可溶性固体或液体肥料按土壤养分含量和黄瓜需肥规律配兑成肥液，与灌溉水一起通过可控管道系统供水、供肥。

（二）技术效果

应用秸秆生物反应堆和水肥一体化技术，黄瓜每亩平均增产 1 000～1 500 千克，增产率为 10%～15%。

（三）适用范围

适合辽宁中西部多年生产的秋冬春季设施黄瓜生产区域。

（四）技术措施

1. 设施黄瓜推荐施肥技术

根据设施菜田的肥力状况和黄瓜需肥规律，在施足有机肥料的基础上，提出优化灌溉条件下目标产量水平的氮、磷、钾肥料的施用量。黄瓜目标产量 10 000～15 000 千克/亩，每亩适宜的氮（N）、磷（P_2O_5）、钾（K_2O）用量范围分别为 35～45 千克、15～20 千克、40～50 千克。推荐的氮、磷、钾总量根据黄瓜生育阶段需肥规律和追肥次数进行分配。采用秸秆生物反应堆和水肥一体化技术模式，可以减施化肥 30%以上。以目标产量 10 000～15 000 千克/亩计算，只需施氮肥（N）24～28 千克/亩、磷肥（P_2O_5）10～12 千克/亩、钾肥（K_2O）28～35 千克/亩。

2. 秸秆生物反应堆操作程序

行下内置式秸秆生物反应堆操作程序：开沟、铺秸秆、撒菌种、拍振、覆土、浇水、整垄、打孔和定植。

（1）开沟。在定植行下挖铺料沟，大垄双行定植的沟宽40～50 厘米，沟深 20～25 厘米；单行定植的沟宽 20～25 厘米。沟长与行长相等，开挖土壤按等量分放沟两边。

（2）铺秸秆。开沟完毕后，在沟内铺放秸秆（玉米秸、麦秸、稻草等）。一般底部铺放整秸秆（玉米秸、高粱秸、棉柴等），上部放碎软秸秆（例如麦秸、稻草、玉米皮、杂草、树叶以及食用菌下脚料等）。铺完踏实后，厚度 25～30 厘米，沟两头露出 10 厘米秸秆茬，利于通气。

（3）撒菌种。每亩推荐应用秸秆腐熟剂 6 千克，均匀撒在秸秆上，并用锨轻拍一遍，使菌种与秸秆均匀接触。

（4）覆土。将沟两边的土回填于秸秆上，覆土厚度 20～25 厘米，形成种植垄，并将垄面整平。

（5）浇水。浇水以湿透秸秆为宜，3～4 天后，将垄面找平，秸秆上土层厚度保持在 20 厘米左右。

（6）打孔。在垄上用 12 号钢筋（一般长 80～100 厘米，并在顶端焊接一个 T 形把）打三行孔，行距 25～30 厘米，孔距 20 厘米，孔深以穿透秸秆层为准，以利于进氧气发酵，促进秸秆转化，等待定植。

（7）定植。一般不浇大水，只浇小水。定植后高温期 3 天、低温期 5～6 天浇一次透水。待能进地时抓紧打一遍孔，以后打孔要与前次错位，生长期内每月打孔 1～2 次。

3. 基肥

秋冬茬和冬春茬黄瓜每亩施腐熟有机肥 5 000 千克（或商品有机肥 1 000～1 500 千克），复合肥（15－15－15 或相近配方）20～30 千克。越冬长茬黄瓜每亩施腐熟有机肥 6 000 千克（或商品有机肥 1 500～2 000 千克），复合肥（15－15－15 或相近配方）30～40 千克。有机肥撒施，化肥条施。针对出现次生盐渍化、酸化等退化的土壤，每亩补施 100 千克的生物有机肥或土壤调理剂。

4. 追肥

氮、磷、钾总施肥量减去基肥量就是追肥量，根据气候条件、黄瓜不同生育阶段需肥规律分配每次追肥量。

（1）供水方式与设备。水肥一体化模式的给水方法一般采用膜下滴管，给肥设备可采用文丘里式施肥器，配备简易的施肥桶；也可用水肥一体化智能控制系统，配备标准的施肥桶与回液蓄水池，更能精准地施肥。建议在越冬与早春生产棚内建蓄水池，容积为每亩一次用水量的 1.2 倍为宜，一般为 10 米^3。防止水温过低对黄瓜的根系生长产生影响。

（2）滴灌水量的运筹方案。选择适宜的滴灌设备、施肥设备、储水设施、水质净化设施等，根据黄瓜长势、需水规律、天气情况、棚内湿度、实时土壤水分状况，以及黄瓜不同生育阶段对土壤含水量的要求（如秋冬茬黄瓜苗期、生长中期、进入冬季后保持土壤含水量分别为土壤最大持水量的 75%～90%、80%～

95%和75%～85%），调节滴灌水量和次数（一般每亩每次滴灌水量为8～12米^3，根据具体情况调节滴水量），满足黄瓜不同生育阶段对水分的需求。

（3）滴灌追肥的运筹方案。设施黄瓜生育期间追肥结合水分滴灌同步进行。根据设施黄瓜不同生育期、不同生长季节的需肥特点，按照平衡施肥的原则，在设施黄瓜生育期不同阶段进行合理施肥。

①定植至初花期间。选用高氮型滴灌专用肥，根据黄瓜秧的长势追肥，当有2～3条根瓜达到5～8厘米，且叶片绿而小时，晴天随水给肥，反之则延后，以“上控下促中保”为原则，这样有效防止黄瓜秧徒长而不结瓜。如氮、磷、钾配方相近的完全水溶性肥料，每亩每次4～6千克，定植后7～10天第一次滴灌追肥，之后15天左右1次，温度较高季节7天左右1次。

②果实生长中期。选用平衡型滴灌专用肥，如氮、磷、钾配方相近的完全水溶性肥料，每亩每次8～10千克，温度较低季节15天左右1次，温度较高季节10天左右1次。

③生长期落蔓应选用壮秧促根氨基酸类和水溶肥一起使用，氨基酸或优质黄腐酸每亩用量为3～5千克，可适当减少水溶肥用量。滴灌专用肥尽量选用含氨基酸、腐殖酸、海藻酸等具有促根抗逆作用的功能型完全水溶性肥料。肥料一定要选择高品质的全水溶肥料，不易造成滴管的堵塞，并且有较好的相容性。应根据天气情况、黄瓜长势、土壤水分、棚内湿度等情况，调节滴灌追肥用量和时间，逆境条件下需要加强叶面肥管理，注重微量元素与氨基酸型功能叶面肥的使用，提高叶片的光合能力。

三、海南黄瓜化肥减量增效技术

（一）技术概述

目前，海南冬季瓜菜栽培面积已近20万亩，且栽培面积逐年扩大，黄瓜已成为海南冬季主栽瓜菜之一。黄瓜栽培过程中施肥管理上重化肥轻有机肥，盲目施肥、过量施肥的现象普遍，这不但于黄瓜产量与品质提升无益，还造成肥料资源的大量浪费，导致生产成本增加，更严重的是导致土壤退化以及对水体和大气造成污染。采用目标产量法结合测土施肥技术确定黄瓜的需肥总量，结合黄瓜生长发育规律及养分需求特性将肥料在黄瓜不同生长发育阶段进行合理分配，并配以科学的施肥方法，实现高产稳产下黄瓜的养分高效吸收利用，并降低肥料的环境负面影响，替代化学氮肥而进入土壤的大量有机肥还能实现土壤培肥。

（二）技术效果

新型稳定性肥料的应用以及应用有机肥替代化学肥料使得本施肥模式的黄瓜产量相较于传统施肥模式增加8%～12%，化学肥料减施10%～15%，同时减缓了土壤酸化进程，并改善土壤有机质品质。肥料损失减少也降低了对水体和大气的污染。

（三）适用范围

适宜于海南三亚、东方、保亭和澄迈等黄瓜主栽区灌溉良好的旱坡地及用于冬季栽培的水田。

（四）技术措施

黄瓜为浅根性作物，根系分布浅而集中，叶片大而薄，蒸腾力较强，对肥水反应敏感，具有怕旱、忌渍水等特性。因此，选择灌排便利、土壤疏松、有机肥丰富的壤土为宜。黄瓜在营养特性上具有营养物质需求多、消耗快的特点，但不同阶段存在着较大差异，表现为“苗期轻，果期重”。因此要依据黄瓜生物学特性和营养需求特性科学合理进行肥料管理。具体做法如下。

1. 基肥

黄瓜适宜的土壤 pH 为 5.5～7.2。海南土壤大多为酸性，黄瓜种植前犁地翻晒时，可视土壤 pH 每亩施 60～75 千克石灰来中和土壤酸度，然后耙地整细。海南黄瓜一般种植于沟垄上。在修筑沟垄时，按重基肥要求，每亩施有机肥 1 000～1 500 千克（黏重及过沙土壤适当多用）、过磷酸钙 25～35 千克、稳定性果蔬专用复合肥（16－8－18）30 千克。肥料应用在沟垄上，与垄土混匀。

2. 追肥

（1）苗期肥。第一次追肥在定植后 7 天左右进行，每亩可用 1～2 千克复合肥（15－15－15，硝态氮）配制成肥液浇灌，以后每隔 5～7 天一次，可适当加大浓度。

（2）开花结果肥。开花结果期，追施 2 次重肥，以延长黄瓜收获期。第一次重施追肥是在初花时，用水溶化肥减量增效技术模式肥（16－5－27）10 千克、尿素 8 千克，结合灌水冲施。第二次重施追肥是在盛果期，每亩用复合肥（16－5－27）25 千克、尿素 10 千克，结合灌水冲施。同时，根据黄瓜长势，一般每采收 1～2 次或每隔 15 天左右追肥一次，每次每亩用复合肥（16－5－27）10 千克、尿素 6 千克，结合灌水施入，以保证黄瓜生长不发生脱肥现象。追肥要看天气和叶色情况，灵活掌握，酌情增减。

（3）适时进行叶面施肥。在黄瓜的结果盛期及生长后期，可采用叶面施肥方式，补充微量元素以及根系吸肥的不足。采用

0.5%尿素加0.5%磷酸二氢钾进行叶面喷施。此外，通过叶面施肥补充微量元素肥，在初花前，可叶面喷施硼肥及锌肥等，具体可按使用方法说明进行。

四、设施黄瓜农药减量增效技术

（一）品种选择与种子处理

1. 品种选择

选用优质、高产、抗病性强、商品性好、连续坐果能力强、适应性广的黄瓜品种。如宝杂系列、津研系列、杨行黄瓜、荷兰黄瓜等。

2. 种子质量

符合国家标准要求。

3. 种子处理

根据当地黄瓜生产中发生的主要病虫害种类，有针对性地选取如下方法。

（1）预防真菌性病害。用2.5%咯菌腈悬浮种衣剂进行种子包衣，用量为种子重量0.3%。可以预防所有由种子传播、土壤传播的真菌性病害。

（2）预防病毒性病害。将干种子放入70℃的恒温箱中，干热处理72小时钝化病毒，经检查发芽率正常后备用，或用55℃的温水浸种10～15分钟，并不断搅拌直至水温降至30～35℃，再浸泡3～4小时，将种子反复搓洗，用清水冲净黏液后晾干再催芽。

（3）预防细菌性病害。用种子质量1.5%的漂白粉，加少量水与种子拌匀后放入容器中密闭消毒16～18小时，清洗后播种；

或用100万单位硫酸链霉素·土霉素500倍液浸种2～3小时；或用100万单位农用硫酸链霉素或氯霉素500倍液浸种3～5小时，用清水冲洗8～10分钟后播种。以上3种处理方法均可获得较好的效果。

（二）培育无病虫壮苗

1. 催芽

将处理好的种子用湿布包好，放在25～30℃处保湿催芽。每天用25～28℃灭菌清水冲洗1次，经2～3天破口后，放在0～3℃条件下经过1～2小时炼芽，再播种。

2. 育苗土（基质）配制及设施消毒与播种

（1）育苗床整地与消毒。选2～3年未连作栽培瓜类作物的设施，在育苗前30天清除前茬作物残茬，深翻晒垡，休闲10～15天，1米^{2}施用腐熟的厩肥1千克、三元复合肥0.1千克，进行初整地，制作育苗床框架，均匀施用庄伯伯肥料（氰氨化钙）0.1千克/米^2，进行精细整地，制作育苗床，并浇透水，覆盖塑料薄膜密封消毒7天，杀灭混在育苗床土壤中的病原菌、杂草种子和害虫的卵、幼虫、蛹、线虫等有害生物。在床土消毒期过后揭膜、翻耕排毒、排湿4～5天，精制育苗床，等待1～2天即可播种。

（2）育苗营养土的配制。在夏末、初秋，选取近3年未种过瓜类作物的园土50%～60%与腐熟的厩肥20%～30%、草木灰10%～15%混匀，再在1米^{3}混合泥土中加入三元复合肥1千克、庄伯伯肥料0.4～0.5千克，配制成育苗用营养土，浇透水，覆盖塑料薄膜密封消毒7天，杀灭混在育苗营养土中的病原菌、杂草种子和害虫的卵、幼虫、蛹、线虫等。在营养土消毒期过后揭膜、翻开排毒，晒干后，粉碎过筛，再混入经消毒的砻糠5%～

10%，精制成育苗营养土和盖籽土，待用。

（3）育苗基质的配制与消毒。采用基质育苗的可选蛭石+泥炭或珍珠岩体积比为 1∶1 等混合基质，再复配其他专用有机肥（10 千克/米³），混合均匀后，采用高温蒸汽消毒（85℃，20 分钟），或用庄伯伯肥料 400 克/米³ 拌匀后浇透水，用塑料薄膜覆盖 7～10 天进行湿闷消毒，再翻拌摊晾 5～7 天，散发残毒和多余的水分。制成基质的含水量以手捏成团自由落地能散开为宜。

（4）育苗设施的消毒。育苗所用的棚架、塑料薄膜、育苗钵、育苗盘及其他工具一律用清水冲洗干净，再用 5%甲醛溶液或 0.1%高锰酸钾溶液浸泡消毒。

3. 育苗

有条件的建议采用工厂化育苗。没有工厂化育苗条件的生产基地，根据季节的不同可采用阳畦、温室、电热温床、塑料中棚等方式育苗。

（1）温度管理。育苗温度以 16～25℃为宜。在冬、春季温度过低时，使用电热温床育苗；在夏、秋季温度过高时，使用遮阳网及覆盖黑色膜、水帘等进行降温育苗。育苗各阶段的温度管理调节值如表 3-6 所示。

表 3-6 黄瓜育苗期各阶段昼夜适宜温度

生长阶段	白天适宜温度（℃）	夜间适宜温度（℃）
出土至破心	25～30	16～18
破心至分苗	20～25	14～16
分苗或嫁接后至缓苗	28～30	16～18
缓苗至定植前	20～25	14～16*

* 每长 1 片叶再降低 1～2 ℃。

（2）光照管理。黄瓜幼苗的光补偿点为 2 500 勒克斯，光饱和点为 5 万勒克斯。冬、春育苗期常遇连阴天，当光照不足时，易导致秧苗生长瘦弱，引发病害。因此，应使用补光设备，以增强秧苗素质。夏季光照较强，易引起秧苗叶片灼伤，一般当光照度达 5 万勒克斯时应使用遮阳设备，以控制过强的光照。

（3）水分管理。湿度：苗期适宜空气湿度为 80%～90%，大于 95%时，要注意通风排湿或通过加温调节湿度。水分：播种后需要较湿润的土壤（基质育苗的可浇至基质含水量 70%左右）；在种子出土前基质含水量应不低于 50%；出芽后至幼苗一叶一心前，应适当控制灌溉，以免出现“高脚苗”（基质育苗的灌溉指标为基质含水量 40%左右）；一叶一心后由于幼苗生长较快，可适当增加浇水量（基质育苗的一般灌溉指标为晴天基质含水量约 50%左右，阴雨天蒸发量小，可降低为 40%～45%）。

4. 适时间苗

在晴好天气，适时间除病苗、弱苗、小苗、变异苗和过密苗。

5. 及时分苗、囤苗

当幼苗生长到子叶展平有一心时，按株、行距 10 厘米的间距及时分苗。定植前 5～7 天浇 1 次起苗水，2 天后起苗、囤苗，定植前 3 天喷药保护，做到带药移栽。壮苗标准：无病虫，苗高 12～15 厘米，有 4 片叶、叶色浓绿、子叶健壮青绿、节间短、茎基粗 0.9 厘米左右。

6. 培育嫁接苗

用黑籽南瓜或南砧 1 号做砧木，黄瓜做接穗。嫁接方法如下。

①靠接法。黄瓜比南瓜早播种 3～10 天（冬季 8～10 天，春、秋季 4～6 天，夏季 2～3 天），在黄瓜有第一片真叶、南瓜子叶完全展平时嫁接。

②插接法。南瓜比黄瓜早播种 3～4 天，在南瓜子叶展平有第一片真叶，黄瓜两叶一心时嫁接。

7. 嫁接苗的管理

将嫁接苗按株、行距 12～15 厘米栽在苗床上，覆盖小拱棚避光 2～3 天，提高温、湿度，以利伤口愈合。7～10 天后待接穗长出新叶后，撤掉小拱棚，断接穗根。旱时适量补水，定植前 5 天浇 1 次小水，2 天后起苗囤苗。

8. 苗期病虫害防治

出苗后 7～10 天，结合苗床浇水，使用 2.5%咯菌腈悬浮种衣剂 1 000 倍液淋浇，防治真菌性根际病害和土传病害，或使用 25%噻虫嗪水分散粒剂 4 000 倍液淋浇，防治传毒虫媒，如蚜虫、蓟马、烟粉虱，每株浇药液 20～30 毫升。出苗后 15～20 天，使用 43%戊唑醇悬浮剂 3 000 倍液防治苗期病害。定植前 3 天，使用 25%嘧菌酯悬浮剂 1 000 倍液，混用“植物动力 2003”（微量元素肥料）1 500 倍液做好秧苗带药移栽保护。在夏、秋季还应注意防治美洲斑潜蝇等害虫。

（三）栽培设施的消毒处理

1. 设施内影响生产残留物的清除

及时清除设施内的植株残体、病残枝叶、地膜等影响生产的残留物，清洁生产环境。

2. 设施内框架的清洗与消毒

先用高压水枪冲洗设施内的支架、加热管道、滴灌外壁、走道及四周保温层或薄膜，洗去附着在设施表面的病原体和隐藏的残留虫源。再根据设施发生病虫的情况，选择不同的杀菌剂、杀虫剂配制成熏蒸烟剂或雾剂杀灭设施内各部件以及土壤表面的病原菌或害虫。

3. 设施内土壤、基质的消毒

在移栽定植前15天深耕整地。根据地力施用适量的腐熟有机肥（4～5千克/米^2）和三元复合肥（150～200克/米^2），按100克/米^2（栽培基质按300克/米^3）的用量均匀施用庄伯伯肥料（氰氨化钙），并浇透水，覆盖塑料薄膜密封消毒，杀灭混在土壤、基质中的病原菌、杂草种子、线虫和害虫的卵、幼虫、蛹等有害生物。7天后再翻耕排毒、排湿4～5天，精细整地作畦或灌制基质栽培钵（条），1～2天后即可安全移栽。也可在夏季自然高温环境进行消毒。利用换茬期间封闭设施10～15天，在土壤中灌入适当的水，利用棚内高温灭杀有害生物，并起到洗盐的作用，消除棚内土壤盐渍化产生的有害物质。

4. 微喷、滴灌系统的消毒

用大压力清水冲洗微喷、滴灌的管道，先支管，后毛管，将所有喷头、滴头从管道、毛管上拔下清洗，随后灌入3%～5%甲醛溶液浸泡2～3小时，再用塑料布闷盖24～48小时，取出后再用清水冲洗后备用，在生产前装回毛管、滴头、喷头。

5. 设施内用具的消毒

钩子、绳子、塑料箱、母液罐及其他工具，一律用清水冲洗干净，再用3%～5%甲醛溶液浸泡消毒。打开砂滤器，放入漂白粉浸泡24～48小时后用清水反复冲洗。手推车、电瓶车、喷药机械与皮管均用高压泵清水冲洗，清除遗留在这些工具上的残株病叶，再用磷酸三钠消毒，喷敌敌畏消灭残留的害虫、害螨等。

（四）移栽、定植期的病虫害绿色防控措施

1. 使用栽培新资材防病虫

（1）采用无滴膜、设暗排降低地下水、高垄地膜覆盖、滴灌、无纺布等防病。

（2）温室大棚等设施的通风口用尼龙网纱密封，阻止蚜虫、粉虱进入。

（3）将银灰色地膜剪成10～15厘米宽的膜条，膜条间距10厘米，纵横拉成网眼状，围在设施周围驱避蚜虫、蓟马。

（4）黄瓜生长早期用150厘米×215厘米的专用诱虫黄卡（最好选购含有植物诱源的专用粘虫黄板），每亩设置33～34块，高出植株顶部，挂在行间或株间，诱杀入侵设施内的烟粉虱、蓟马、蚜虫、美洲斑潜蝇等害虫。黄瓜生长中、后期不宜再使用黄板诱虫。因为在黄瓜生长中、后期，黄板诱杀效果有限，甚至会诱来更多的害虫，其繁殖速率比诱杀更快，造成危害加重。此时只有改用银灰膜驱避技术，才能达到预防目的。

2. 合理密植

采用南北行，大行距90～110厘米，小行距50～70厘米，株距30～35厘米，即2 200～2 400株/亩，比常规栽培密度低10%～15%，以防止密度过大诱发病虫发生。

3. 田间管理

（1）肥水管理。定植后及时浇缓苗水，追活棵肥，生长前期空气相对湿度维持在80%～90%，生长中、后期相对湿度维持在75%～85%。黄瓜的需水量较多，提倡使用滴灌、小水、

小肥，严禁大水漫灌，浇水应在晴天上午，并及时放风排湿，尽量不增加设施内湿度，以免引起叶片结露，诱发病害的发生。

（2）调节环境，实施生态防病治虫。每天早上开工时坚持通风30～60分钟排湿换气，然后密闭设施，强制快速升温至32～35℃，使设施内尽可能避免20～28℃适宜发生病虫害的环境（阴天可以不关闭以避免升温），再在下风口适度放风，尽可能延长并维持温度在32℃左右的时间。当设施内温度下降到25℃以下时，则应打开设施通风降温、降湿，至低于18℃以下时再适度关棚（当外界最低气温高于15℃时，不封闭棚，留下放风口），防止关闭设施后引起叶面积露，诱发病害的发生。在黄瓜病害盛发期，可采用高温闷棚法控制病害。此法适于在黄瓜生长旺盛期进行，且须是连续晴天的条件下才可实施。在准备闷棚的前一天，给黄瓜浇1次大水，次日（必须是晴天）封闭设施，当温度达到32℃后开始计时（掌握温度最高不超过35℃，温度过高时适量放一点通风口），2.5～3小时后，慢慢加大放风口，使温度缓慢下降。次日摘除病、老、枯叶后再浇1次水，追施适量尿素。隔4～5天，再进行一次闷棚，以后如需要，可每隔10～15天再进行1次。

（3）定期整枝打杈。每5天1次，操作前用肥皂水洗手，防止操作中接触传染病毒病等病害。摘除植株的病、老、黄叶和病果，拔除病株，并带出设施深埋或密封于塑料袋内暴晒灭菌。随身带50％异菌脲可湿性粉剂或50％腐霉利可湿性粉剂50倍液药杯和涂药笔，发现有初发菌核病症状的，用药涂治病部。

（4）药液点花防病保果。结合促进坐果的栽培常规措施，使用坐果灵等植物生长调节剂点花，在点花液中加入50%腐霉利可湿性粉剂800～1 000倍液（20℃以下使用800倍，20℃以上使用1 000倍）预防果实发生灰霉病、菌核病。

4. 移栽、活棵期的绿色防治用药

移栽定植后7天内，结合浇水，春黄瓜使用2.5%咯菌腈悬浮种衣剂1 000倍液淋浇预防真菌性根际病害和土传病害；夏、秋黄瓜使用25%噻虫嗪水分散粒剂4 000倍液淋浇防治蚜虫、蓟马、烟粉虱等传毒虫媒。每株用药液200～250毫升。

（五）黄瓜大田期主要病虫害的测报与防控

1. 预测预报技术

黄瓜上常见主要病害有黄瓜霜霉病、菌核病、疫病、白粉病、细菌性角斑病、灰霉病、枯萎病、炭疽病等。常见主要害虫有瓜绢螟、美洲斑潜蝇、烟粉虱、蚜虫、蓟马、叶螨等。实施适期用药防治的措施，应以测报为依据，并结合最适发病生育期进行防治。

2. 早期绿色化防控害技术

（1）春茬黄瓜。移栽后10天左右或植株生长高度在70～80厘米时第1次用药。以后每隔10天用1次药，连续用药5次。在黄瓜采收期，要注意用药的安全间隔期，先采收，后用药。

第一次用药：连阴雨天气使用20%百菌清和15%腐霉利烟剂（7天熏1次）；晴天使用25%嘧菌酯悬浮剂1 000倍液喷雾。预防真菌性病害。

第二次用药：可选用20%苯醚甲环唑微乳剂1 500倍液，预防霜霉病、疫病、菌核病、白粉病、灰霉病、炭疽病等。

第三次用药：选用50%烯酰吗啉可湿性粉剂800倍液喷雾。防治霜霉病、疫病。

第四次用药：可选用25%嘧菌酯悬浮剂1 000倍液，防治霜霉病、疫病、菌核病、白粉病、灰霉病、炭疽病等。如发生细菌性角斑病，要改用47%春雷·王铜可湿性粉剂600倍液防治。如发生蚜虫、蓟马、烟粉虱，可混用25%噻虫嗪水分散粒剂4 000倍液或40%啶虫脒水分散粒剂3 000～4 000倍液，并混用0.1%磷酸二氢钾兼治病毒病，还兼有补充养分的作用，减少大肚瓜、钩子瓜等畸形瓜，保证瓜条质量。

第五次用药：选用40%氟硅唑乳油4 000倍液或43%戊唑醇悬浮剂3 000倍液，防治菌核病、白粉病、炭疽病等。如细菌性角斑病发生重，可混用20%噻菌铜悬浮剂400～500倍液兼治。如同时还发生蚜虫、烟粉虱、美洲斑潜蝇、蓟马、叶螨，还可混用3%甲氨基阿维菌素苯甲酸盐微乳剂2 500～3 000倍液兼治。出现植株衰老，可混用0.1%磷酸二氢钾，在兼治病毒病的同时，补充养分，增加后期产量。中、后期为保证减少农药残留，建议不再使用农药，如黄瓜生长仍在旺盛期，可根据田间病害发生特点，适当选用有针对性的特效农药进行防治。

（2）夏茬黄瓜。

第一次用药：移栽后7天左右。使用25%嘧菌酯悬浮剂1 000倍液喷雾，预防病害，混用25%噻虫嗪水分散粒剂4 000倍液防治蚜虫、蓟马、烟粉虱。如还发生瓜绢螟、美洲斑潜蝇，则将混用药剂改选为3%甲氨基阿维菌素苯甲酸盐微乳剂2 500～

3 000 倍液兼治。

第二次用药：与第一次用药间隔 15 天左右。选用 25%噻虫嗪水分散粒剂 4 000 倍液，防治蚜虫、蓟马、烟粉虱，混用 20%吗胍·乙酸铜可湿性粉剂 500 倍液，兼治病毒病。如还发生瓜绢螟、美洲斑潜蝇，则混用 3%甲氨基阿维菌素苯甲酸盐微乳剂 2 500～3 000 倍液兼治。

第三次用药：与第二次用药间隔 15 天左右。此时短生育期夏黄瓜开始采收，要注意用药安全间隔期，先采收再用药。选用 3%甲氨基阿维菌素苯甲酸盐微乳剂 2 500～3 000 倍液，防治蚜虫、蓟马、烟粉虱、瓜绢螟、美洲斑潜蝇，混用 20%吗胍·乙酸铜可湿性粉剂 500 倍液兼治病毒病，或混用 43%戊唑醇悬浮剂 3 000 倍液，防治炭疽病、白粉病等。

第四次用药：与第三次用药间隔 10 天左右。生育期已经开始进入采收始盛期。选用 25%嘧菌酯悬浮剂液 1 000 倍喷雾，防治白粉病、炭疽病等真菌病害。如发生细菌性角斑病，则改用 47%春雷·王铜可湿性粉剂 600 倍液防治；混用 3%甲氨基阿维菌素苯甲酸盐微乳剂 2 500～3 000 倍液防治蚜虫、蓟马、烟粉虱、瓜绢螟、美洲斑潜蝇；混用 0.1%磷酸二氢钾兼治病毒病，还可补充养分，防止产生畸形瓜。

第五次用药：与第四次用药间隔 10 天左右。选用 40%氟硅唑乳油 4 000 倍液或 43%戊唑醇悬浮剂 3 000 倍液，防治白粉病、炭疽病等。如细菌性角斑病发生重，可混用 20%噻菌铜悬浮剂 400～500 倍液兼治。如同时还发生烟粉虱、美洲斑潜蝇、蓟马、叶螨，可混用 3%甲氨基阿维菌素苯甲酸盐微乳剂 2 500～3 000 倍液兼治。出现植株衰老，还可混用 0.1%磷酸二氢钾兼治病毒病，并促进叶面追施磷、钾肥补充养分，增加后期产量。

（3）秋茬黄瓜。

第一次用药：移栽后10天左右。选用3%甲氨基阿维菌素苯甲酸盐微乳剂2 500～3 000倍液。防治烟粉虱、美洲斑潜蝇、蓟马、叶螨等。还可混用0.1%磷酸二氢钾兼治病毒病。

第二次用药：与第一次用药间隔10天左右。选用25%噻虫嗪水分散粒剂4 000倍液。防治蚜虫、蓟马、烟粉虱等。发生美洲斑潜蝇、瓜绢螟则仍选用3%甲氨基阿维菌素苯甲酸盐微乳剂2 500～3 000倍液防治，混用20%吗胍·乙酸铜可湿性粉剂500倍液，兼治病毒病。

第三次用药：与第二次用药间隔10～15天。选用25%嘧菌酯悬浮剂1 000倍喷雾，防治霜霉病、白粉病、炭疽病等真菌病害。混用3%甲氨基阿维菌素苯甲酸盐微乳剂2 500～3 000倍液，兼治蚜虫、蓟马、烟粉虱、美洲斑潜蝇、瓜绢螟；混用20%吗胍·乙酸铜可湿性粉剂500倍液兼治病毒病。

第四次用药：与第三次用药间隔7～10天。选用20%苯醚甲环唑微乳剂1 500倍液喷雾，防治霜霉病、白粉病、炭疽病等病害。混用3%甲氨基阿维菌素苯甲酸盐微乳剂2 500～3 000倍液兼治蚜虫、蓟马、瓜绢螟、美洲斑潜蝇；混用0.1%磷酸二氢钾兼治病毒病，还可补充养分，防止产生畸形瓜。

第五次用药：视需要而定。一般与第四次用药间隔10天左右。选用40%氟硅唑乳油4 000倍液或43%戊唑醇悬浮剂3 000倍液，防治白粉病、炭疽病等。混用3%甲氨基阿维菌素苯甲酸盐微乳剂2 500～3 000倍液，防治蚜虫、蓟马、烟粉虱、瓜绢螟、美洲斑潜蝇；混用0.1%磷酸二氢钾兼治病毒病，还可补充养分。

第三节　设施草莓化肥农药减施增效技术

一、技术目标

采用设施大棚内土壤太阳能高温消毒处理，增施有机质肥、生物菌肥，采用平衡施肥和水肥一体化等管理技术，使化学肥料用量由过去的1 800～2 400千克/公顷，减少为600～900千克/公顷，减少化学肥料用量50%以上，设施草莓土壤连作障碍得到有效控制，土壤酸化、盐渍化、枯（黄）萎病等大大减少。病虫害防治以农业防治、生态调控、物理措施和生物防治为主，以高效低毒低残留化学农药防治为辅，设施草莓大棚内全生育期内用药6～8次，选用生物和低毒低残留风险农药，而常规化学防治用药12～15次，应用此技术可减少化学农药用量50%左右，病虫害总体防效达到90%左右，总体病虫危害损失控制在10%以内，草莓苗期和采果期不因炭疽病、灰霉病、白粉病、枯萎病、蚜虫、蓟马、叶螨、斜纹夜蛾等病虫造成较严重损失。草莓鲜果化学农药残留检出合格率100%，符合A级绿色食品标准，设施草莓优质商品果产量22 500～30 000千克/公顷，提质增效20%～30%。此外，因消除了草莓鲜果食用安全隐患，提振消费者信心，满足消费需求，减少环境污染，对草莓产业的健康稳定发展和绿色品牌创建起到积极的推动作用。

二、关键技术

（一）培育健康无病壮苗技术

1. 壮苗要求

根系发达，白根数 5 条以上，新茎粗 0.8～1.2 厘米，绿叶数两叶一心，中心芽饱满，无病虫危害。

2. 繁苗技术

（1）选择无病种苗。母苗要求生长健壮，无病虫害，新叶展开正常，小叶形态完整，叶色浓绿，叶柄较长，叶片较大，未开花结果。采用脱毒无病种苗或采用无病基质穴盘生根获取种苗。同时选用枯草芽孢杆菌、木霉菌、咯菌腈、吡唑醚菌酯等对根部进行处理，确保种苗不带病菌。定植期在 3 月上中旬至 4 月上旬，定植密度 12 000～18 000 株/公顷。

（2）选择无病田。选择稻—麦（油菜）轮作田或高温消毒处理过的田块为育苗田，远离草莓种植区育苗，有条件的采用避雨育苗、遮阳育苗或穴盘基质育苗，可大大减轻病害发生。

（3）湿润管理。采用深沟窄畦，畦宽 1.2 米，沟宽 0.3 米，沟深 0.3 米，畦长 40 米以上的要加开腰沟。水分管理上在匍匐茎子苗发生期保持土壤湿润，要求田间不干旱、不积水，干旱时在傍晚沟灌，不大水漫灌，最好滴灌或渗灌。

（4）平衡施肥。采取“少吃多餐”的施肥策略，注意增施钙肥和硅肥，增强植株抗病虫能力，前期适当增施发酵的粪肥或饼肥和复合肥，注意不偏施氮肥，高温期间和育苗后期原则上不施用氮素肥料。

（5）合理调控。采取前促后控的管理方法，前期使用适量赤霉素、0.136%芸·吲·赤霉酸可湿性粉剂或芸苔素内酯等，结合增施适量复合肥、腐殖酸肥等促进生长，加快发生匍匐茎子苗；中后期将要够苗后（60万～75万株/公顷）或7月中下旬用烯唑醇、多效唑等三唑类药剂分次控旺促壮，生长较弱的可结合腐殖酸、氨基酸生物肥等适当补施，形成健壮苗。

（6）植株管理。及时整理新发匍匐茎，使田间分布均匀，子苗保留三叶一心，及时摘除老叶和病叶，拔除发病株，封锁发病中心。整理植株时因造成伤口，易使植株感病，要及时用药剂防病。

（7）病虫防治。主要在雨水、台风及摘老叶后及时预防病害，以炭疽病等为防治重点，生物制剂如枯草芽孢杆菌、多粘类芽孢杆菌、春雷霉素、中生菌素等；低毒化学药剂有代森联、代森锰锌、二氰蒽醌、嘧菌酯、吡唑醚菌酯、醚菌酯、溴菌腈、戊唑醇、苯醚甲环唑等及其复配制剂；一般选择1～2种药剂合理混用或轮用等喷雾，用足药液量。注意查治害虫，首选性诱剂诱杀斜纹夜蛾，黄、蓝板诱杀蚜虫、蓟马等非化学防治方法；药剂防治在害虫低龄幼（若）虫期防治。如斜纹夜蛾等食叶害虫选用苦参碱、苏云金杆菌、茚虫威、阿维菌素、甲氨基阿维菌素等；蓟马、蚜虫等选用乙基多杀菌素、苦参碱、印楝素、吡蚜酮等。地老虎、蛴螬、蝼蛄等地下害虫，在幼虫高发季节，清晨人工捕捉，或将90%敌百虫晶体、水、炒香的菜饼按1∶3∶30的比例拌制毒饵，傍晚时撒放植株行间或根际附近进行诱杀，或10%吡虫啉可湿性粉剂2 000～3 000倍液浇灌根部处理。

（8）化除与人工除草。在草莓移栽前或杂草出苗前，用适宜浓度的二甲戊灵或丁草胺等芽前除草剂，对畦面均匀喷雾，注意保持田间湿度，尽量不要喷到草莓苗。已发生的常见禾本科杂草如看麦娘、稗草、狗尾草、硬草等，在 3～5 叶期用精吡氟禾草灵等均匀喷雾防治。并结合人工除草。

(9) 促进花芽分化。8 月上旬开始“控氮施磷钾，降温促分化”，以磷钾肥为主或磷酸二氢钾粗喷雾，分别于 8 月上旬间隔 1 周施用 2 次，结合摘除老叶、假植、断根或遮光处理等促进花芽分化。

(二) 土壤改良和连作障碍处理技术

1. 夏季休闲期棚内太阳能高温消毒

6 月上中旬将选定棚室内上茬作物收获后的遗留物清理干净，焚烧或深埋；6 月下旬至 7 月上旬撒施有机物料、石灰氮或米糠等。使用有机物（畜禽粪肥＋菌菇渣或醋糟或农作物秸秆等）22 500～37 500 千克/公顷，另用米糠 4 500～7 500 千克/公顷或石灰氮 900～1 500 千克/公顷。用旋耕机或人工将有机物和石灰氮等深翻入土壤，深度 20～40 厘米。翻耕均匀，以增加石灰氮或米糠与土壤颗粒的接触面积。用水漫灌，直至垄面湿透为止。保水性能差的地块可灌水 2 次。7 月中下旬，用完好、透明的塑料薄膜将土壤表面密封。垄面密封后，再将大棚完全封闭，注意大棚出入口、灌水沟口不要漏风。确保晴天地表可达到 70℃以上的温度，持续时间 25～30 天。8 月上中旬打开通风口或揭去大棚膜，揭除地面薄膜。

2. 平衡施肥、增施菌肥

在棚内太阳能高温消毒基础上，在草莓定植前半个月左右耕翻做垄前，视土壤地力水平等情况，适当增施生物菌肥（$\geqslant 2\times 10^8$ 个菌落/克枯草芽孢杆菌等复合菌、有机质≥60%等）1 800～2 400 千克/公顷和生物发酵的饼肥 1 500～2 250 千克/公顷，过磷酸钙 450～750 千克/公顷，缓苗后和开花结果期间，每隔20～30 天使用腐殖酸（或黄腐酸钾）液肥或大量元素水溶肥 45～75 千克/公顷随水滴灌，盖地膜前结合垄面松土追施生物菌剂和少量复合肥，同时可以根外喷施氨基酸和活性钙肥等有机叶面肥。

（三）农业生态防治技术

1. 合理密植与植株管理

采用小高垄双行栽种，选用红颊、章姬、宁玉、白雪公主等优良品种，适当稀植，定植 75 000～90 000 株/公顷。定植成活后开始每隔半个月左右，摒除老叶，并去除病叶、病果，用塑料桶装好，带到棚外集中深埋或烧毁。

2. 控湿防病

做到沟系配套，棚周沟要深于棚内垄沟，便于雨水及时排出；选用透光率高、无滴、防雾和防老化的农膜，如 EVOH（乙烯-乙烯醇共聚物）和 PO（聚烯烃）膜等，保持棚内良好的透光性；长期阴雨要注意中午短时放风和晴天后加大通风散湿；采用滴灌和水肥一体化灌溉系统，代替沟灌或人为浇灌；草莓现蕾前垄面覆盖银黑双色地膜或白黑双色地膜；棚内沟中铺园艺地布或无病稻草等，尽量减少棚室内湿度，减少灰霉病等发病条件。

3. 闷棚控病

草莓棚内灰霉病等发生期，可选择晴天中午封闭大棚，使棚内温度提高到 35℃，闷棚约 2 小时，然后再放风降温，连续闷棚2～3 次，可有效控制灰霉病、白粉病等发生蔓延。

4. 理化诱杀害虫技术

（1）驱避阻隔。

①颜色趋避。选用银黑双色地膜，厚度0.027～0.04毫米，宽度1.2米左右，覆膜宽度要求盖至垄沟边。覆盖时银色面向上、黑色面向下。银色有较好驱避蚜虫等害虫的效果。

②防虫网阻隔。在棚室通风口和进出门口，设置40～60目防虫网，阻隔蚜虫等迁入棚内危害。

（2）诱杀害虫。

①性诱剂诱杀。定植后至现蕾期（9～10月），在草莓棚边挂设斜纹夜蛾性诱剂，放置密度为15～30只/公顷，高度0.8～1.2米，及时处理诱捕的蛾子，约20天更换一次诱芯。

②色板诱杀。蓟马、蚜虫等，可采用黄板、蓝板诱杀成虫。从草莓大棚定植苗后开始至第二年草莓采收结束。大小一般为30厘米×20厘米，按各450～600块/公顷，黄色、蓝色交叉分布。用绳子或铁丝穿过色板的2个悬挂孔，将其拉紧，垂直悬挂在大棚上空。也可以将色板用木棍或竹片等固定，安插在地上。色板应悬挂在距离草莓植株上部20～40厘米的位置。当害虫发生较为严重时，应增加色板的数量，当色板上黏附的害虫数量较多时，应撤换新的色板或重新涂胶。

（四）生物防治技术

1. 释放天敌

对往年叶螨发生较重，或草莓苗带虫移栽的进棚室，在草莓定植成活后至开花果实期释放捕食螨。因胡瓜钝绥螨和智利植绥螨是二斑叶螨的天敌，可以人工释放捕食螨，每标准棚（300米^2）释放胡瓜钝绥螨15万～20万头（加智利植绥螨3 000头）。如果田间虫量较高，需要先将田间老叶及虫量较高的叶片摘除带出棚外，然后用印楝素、苦参碱、鱼藤酮等生物农药喷雾防治，压低虫口基数，间隔5～7天喷施清水洗叶，待叶片晾干后再释放捕食螨，可以较好地控制叶螨的发生危害。

2. 生物药剂

（1）枯萎病、根腐病。选用1×109个菌落/克多粘类芽孢杆菌可湿性粉剂250倍液，或1×1 011个菌落/克枯草芽孢杆菌可湿性粉剂500倍液，或2×108个菌落/克木霉菌可湿性粉剂25倍液，对于带病苗可另加250克/升吡唑醚菌酯乳油1 000～2 000倍液和0.136%芸·吲·赤霉酸可湿性粉剂5 000倍液等蘸根处理。定植后活棵前后选用1×109个菌落/克多粘类芽孢杆菌可湿性粉剂250倍液+1×1 011个菌落/克枯草芽孢杆菌可湿性粉剂1 000倍液，或2×108个菌落/克木霉菌可湿性粉剂300倍液等，重病田可另行加250克/升吡唑醚菌酯乳油2 000倍液，或50%咯菌腈可湿性粉剂5 000倍液，或25%嘧菌酯悬浮剂1 500倍等，喷淋根部1～2次，每株药水量150～200毫升。

（2）炭疽病。选用1×1 011个菌落/克枯草芽孢杆菌可湿性粉剂500倍液、2%春雷霉素水剂500倍液、4%嘧啶核苷类抗菌素水剂200倍液、16%多抗霉素B可湿性粉剂3 500倍液、2%氨基寡糖素水剂1 000倍液、3%中生菌素可湿性粉剂500倍液等防治，在发病前每周1次，连续3～5次。

（3）灰霉病。选用1×1 011个菌落/克枯草芽孢杆菌可湿性粉剂500倍、2×108个菌落/克木霉菌可湿性粉剂300倍液、16%多抗霉素B可湿性粉剂3 500倍液等在开花前和花后结果期，细致喷雾，防治3～5次。

（4）白粉病。选用2×108个菌落/克木霉菌可湿性粉剂300

倍液、1×1 011 个菌落/克枯草芽孢杆菌可湿性粉剂 500 倍、1×109 个菌落/克解淀粉芽孢杆菌可湿性粉剂 400 倍、4%嘧啶核苷类抗菌素水剂 200 倍液、2%阿司米星水剂 200 倍液、1%大黄素甲醚水剂 400 倍液等进行均匀周到喷雾，发病中心和叶片背面要喷到，间隔 7～10 天连续防治 2～3 次，傍晚封棚后也可选用硫黄熏蒸防治。

（5）蚜虫、蓟马。选用 40%氟虫・乙多素水分散粒剂 4 000～6 000 倍、0.5%苦参碱水剂 800～1 200 倍、60 克/升乙基多杀菌素悬浮剂 1 500～2 000 倍液、3%除虫菊素乳油 800～1 200 倍液等喷雾防治。

（6）叶螨。选用 1.5%苦参碱可溶液剂 1 000 倍、0.5%藜芦碱水剂 500 倍、5%桉油精水剂 300～500 倍、99%矿物油 150～200 倍液等，在害螨发生初期喷雾防治，重点叶片背面。

（7）斜纹夜蛾。选用 2×1 010 多角体/克斜纹夜蛾核型多角体病毒水分散粒剂 12 000 倍、2.5%多杀霉素悬浮剂 1 000 倍液、1.6%阿维・苏云菌悬浮剂 300～500 倍液等，在低龄幼虫期喷雾防治。

（五）低残留风险化学防治技术

1. 防治原则

遵循“生产必需、防治有效、安全为先、风险最小”的原则，科学合理地使用农药。

2. 防治策略

减少化学农药次数和用量，重点在定植后至结果前加强防控，减少采果期病虫害发生与防控压力。立足发病前早期预防，在害虫低龄幼（若）虫期达到防治指标时用药剂控制。

3. 药剂选择

（1）枯萎病、根腐病。选用25%吡唑醚菌酯悬浮剂2 000倍液、25%嘧菌酯悬浮剂2 000倍液、50%咯菌腈可湿性粉剂5 000倍液、1.8%辛菌胺乙酸盐水剂300倍液等灌淋根，每株用药量150～200毫升，喷淋根部为主。

（2）炭疽病。选用40%苯甲·肟菌酯悬浮剂4 000～5 000倍液、35%氟吡·戊唑醇悬浮剂4 000～5 000倍液、16%二氰·吡唑酯水分散粒剂400～700倍液、60%唑醚·代森联水分散粒剂1 200倍液等复配剂；或者选用250克/升嘧菌酯悬浮剂1 200倍液、25%啶氧菌酯悬浮剂1 500倍液、50%咪鲜胺可湿性粉剂1 500～2 000倍液等与70%丙森锌可湿性粉剂500倍液或80%代森锰锌可湿性粉剂700倍液等桶混组合等喷雾防治。

（3）灰霉病。选用42.4%唑醚·氟酰胺悬浮剂1 500～2 000倍液、30%啶酰·咯菌腈悬浮剂800～1 000倍液、62%嘧环·咯菌腈水分散粒剂1 000～1 500倍液、50%啶酰菌胺水分散粒剂1 000～1 500倍液、40%嘧霉胺悬浮剂1 000倍液等药剂喷雾；连续阴雨天时，为控制棚内湿度，可使用腐霉利或其复配剂等烟雾剂1 200～1 800克/公顷，在封闭棚后傍晚时，均匀分散放置于棚内烟熏过夜。

（4）白粉病。选用12.5%四氟醚唑水乳剂1 500～2 500倍液、300克/升醚菌·啶酰胺悬浮剂1 000～2 000倍液、42.4%唑醚·氟酰胺悬浮剂3 000～4 000倍液、42.8%氟菌·肟菌酯悬浮剂2 000～3 000倍液、9%萜烯醇乳油500～700倍液、25%乙嘧酚悬浮剂1 000倍液等喷雾防治，叶背和叶面都要喷到。

（5）蚜虫、蓟马。选用40%氟虫·乙多素水分散粒剂4 000～

6 000 倍液、0.5%苦参碱水剂 800～1 200 倍液、60 克/升乙基多杀菌素悬浮剂 1 500～2 000 倍液、3%除虫菊素乳油 800～1 200 倍液等喷雾防治。

（6）叶螨。选用 1.5%苦参碱可溶液剂 1 000 倍液、0.5%藜芦碱水剂 500 倍液、5%桉油精水剂 300～500 倍液、99%矿物油 150～200 倍液等，在害螨发生初期喷雾防治，重点是叶片背面。

（7）斜纹夜蛾。选用 12%甲维·虫螨腈悬浮剂 4 000～5 000 倍液、20%氯虫苯甲酰胺悬浮剂 3 000 倍液等喷雾防治。

4. 精准施药

（1）科学施药。一是要对症选药，正确认识病虫害与其危害症状及特点，有针对性地选择药剂。二是安全选药，优选低毒低残留风险的生物农药，禁止使用国家和行业标准中禁止使用的农药。三是合理混配，若一些病虫害混发，可选用兼治作用强的复配药剂，也可有选择地选用 2～3 种药剂进行混配，不得“鸡尾酒式”地乱配乱用。四是合理间隔，不同农药的喷药间隔天数和安全间隔期要求不同，严格按照农药安全间隔期用药，确保鲜果无农残风险。五是仔细喷药，喷布药剂时做到均匀周全，用药量要适度，生长季喷药要采用雾状喷布，特别是大棚盖棚后切忌水淋式喷药，否则增加湿度，易于发病。

（2）选用新型高效植保机械。草莓定植后至盖棚前选用高压喷药机，盖棚后以防治叶果病害为主，选用电动静电喷雾器或烟雾机等，可代替大水量喷药机械或常规机动喷雾器，不但省工节本，功效大大提高，而且农药利用率提高 20%以上。

果树化肥农药减施增效技术

第一节　苹果化肥农药减施增效技术

一、陕北苹果“种植绿肥＋有机肥＋配方肥”技术

（一）技术概述

陕西洛川被誉为“苹果之乡”，苹果种植面积达50万亩，年产量达80万吨。施肥方面存在的问题：忽视有机肥的施用和土壤改良，瘠薄果园面积大；偏施氮肥，施肥量不精准；施肥时期偏晚；钙、镁、硼、锌等中微量元素普遍缺乏；水土流失较严重，肥料利用率低。“种植绿肥＋有机肥＋配方肥”施肥技术模式是通过测土配方施肥技术，根据苹果需肥规律和土壤供肥特性，制定苹果施肥方案，提高有机肥用量，同时果园种植绿肥，以扩大有机肥源，从而达到改良土壤、培肥地力的目的。该技术与农民传统施肥方法相比，每亩可减少化肥使用量50千克，增加优质果100千克，苹果质量明显改善。

（二）适用范围

适用于陕北地区六年以上盛产果园。

（三）技术措施

1. 施肥原则

果园施肥坚持“三结合”原则：一是有机肥与无机肥相结合，二是大、中、微量元素配合，三是用地与养地相结合。大幅度减少化肥施用量，普及秋施基肥，加大有机肥施用量，千方百计培肥地力，提高土壤供肥能力。

2. 施肥时间

（1）秋施基肥。要在中晚熟品种采果后立即进行，即 9 月中下旬至 10 月。

（2）追肥。翌年 6 月苹果套袋前后追施 1 次，7 月下旬至 8 月上旬追施 1 次。

（3）叶面喷肥。全年可喷施 3～4 次，主要补充钙、镁、硼、铁、锌、锰、硒等中微量元素。

3. 施肥量

以下是按 3 米×4 米的植株密度制定的施肥量，对于间伐果园，在亩产量水平不变的情况下，植株密度减半则施肥量在原来的基础上增加一倍。

（1）秋施基肥。

①高产园（亩产 2 500 千克以上、土壤有机质含量在 12 克/千克以上的果园）。株施商品有机肥 10 千克（或腐熟农家肥 50 千克）＋氮、磷、钾含量分别为 20％、10％、15％或者 20％、10％、18％的纯无机配方肥 4 千克。

②中产园（亩产 1 500～2 500 千克、土壤有机质含量在 9～12 克/千克的果园）。株施商品有机肥 8 千克（或腐熟农家肥 30 千克）＋氮、磷、钾含量分别为 20％、10％、15％或者 20％、

10%、18%的纯无机配方肥 3 千克。

③低产园（亩产 1 500 千克以下、土壤有机质含量在 9 克/千克以下的果园）。株施商品有机肥 6 千克（或腐熟农家肥 10 千克）+氮、磷、钾含量分别为 20%、10%、15%或者 20%、10%、18%的纯无机配方肥 2 千克。

（2）追肥。

①高产园。2 次追肥分别选用高氮中钾型（20－10－15）和中氮高钾型（16－8－21）无机配方肥或者水溶肥，各追施 1.0 千克/株。

②中产园。2 次追肥分别选用高氮中钾型（20－10－15）和中氮高钾型（16－8－21）无机配方肥或者水溶肥，各追施 0.75 千克/株。

③低产园。2 次追肥分别选用高氮中钾型（20－10－15）和中氮高钾型（16－8－21）无机配方肥或者水溶肥，各追施 0.5 千克/株。有灌溉条件的果园结合水肥一体化采取“少量多次”的方式及时施入。

4. 施肥方法

（1）环状沟施肥。主要针对幼园和初挂果园，即在树冠垂直投影外缘，挖深 30～40 厘米、宽 40 厘米的沟环状施肥。

（2）放射沟施肥。主要针对幼园和初挂果园，以树体为中心，挖 4～6 条由里朝外逐渐加深的放射状沟施肥。沟宽 30～50 厘米，沟深 30～40 厘米，沟长超过树冠外缘。

（3）带状沟施肥。主要针对成龄挂果园，在果树树冠外缘沿行向挖深 30～40 厘米、宽 40～60 厘米的条沟施肥。

（4）全园撒施。主要针对成龄挂果园，将肥料混合均匀后，撒于果园行间作业道地表，然后翻于土中，深度20～30厘米，此法施肥量较大，宜用农家肥。

5. 果园种植绿肥

（1）绿肥品种选择。果园种植绿肥主要推荐种植白车轴草、黑麦草和大豆油菜轮茬。

（2）种植时间。5～6月种植白车轴草、黑麦草、油菜或者绿豆、黑豆等豆科作物。

（3）配套管理。及时中耕，消灭其他杂草，并及时灌水（以喷灌、滴灌为佳），以使生草尽快覆盖地面。在种草当年最初几个月最好不割，待草根扎稳、营养体显著增加后在草高30厘米、籽粒成熟前再开始刈割。全年刈割3～5次。割下来的草用于覆盖树盘的清耕带，即生草与覆草相结合，达到以草肥地的目的。绿肥生长期还要合理施肥，以氮肥为主，采用撒施或叶片喷施。每年每亩施氮肥（N）10～20千克。生草头两年要在秋季施用有机肥，采用沟施，每亩2 000千克左右，以后逐年减少或不施。

二、黄土高原苹果高效平衡施肥技术

（一）技术概述

发展优质苹果生产已成为渭北黄土高原地区农民增收的支柱产业，随着农户的收入大幅提升，农户在农业生产上的投入大大增加。近年来，农户为了追求种植经济效益最大化，在生产上不科学地大量使用化肥，造成生态安全和经济发展等问题突出，亟待采取一些科学有效的技术措施解决问题。目前，该区域生产中主要存在以下问题。

（1）盲目施肥。部分果园氮、磷肥用量过大，而有些果园则施肥不足，有 31%～41%的果园不施钾肥和有机肥，导致土壤板结，肥力下降，养分不平衡，从而影响了苹果产量和品质的进一步提高。

（2）苹果生产中普遍存在施肥比例失调。偏施化肥，少施或不施有机肥；偏施氮肥，少施磷、钾肥，少施或不施微肥。这样，生产出的苹果风味淡，含糖量低，含酸量高，着实不良，品质低劣。

大量施用化肥可使土壤板结，破坏土壤结构，污染环境，进而危害人类健康。而施用有机肥可改良土壤，提高果实品质。因此，减少化肥施用量，增施有机肥成为提高苹果品质的重要措施。

实施本技术以来，果业生产亩均产量和品质增幅明显，可达到保护环境、节本增效的目的。

（二）适用范围

适用于陕西渭北旱塬优质苹果生产区域。该区域属暖温带半湿润大陆性季风气候区，年均气温 9.2℃，年均日照 2 552 小时，4～9 月日照 1 373 小时，年辐射总量达 517.37 千焦/厘米^2，年均降水量 622 毫米，海拔 1 100 米左右。土壤类型为黄绵土等，黄土层厚达 80～220 米，质地中壤，通透性强。

（三）技术措施

1. 有机肥与配方肥配合施用

（1）有机肥的选用。有机肥的种类很多，根据本地区实际可以选用豆饼、豆粕类，也可以选用生物有机肥类，或者选用羊粪、牛粪、猪粪、商品有机肥类，或者沼液、沼渣类，或者秸秆类等。

（2）施肥时期。秋季施肥最适宜的时间是 9 月中旬至 10 月中旬，即中熟品种采收后。对于晚熟品种如红富士，建议采收后立即施肥，越早越快越好。

（3）施用原则。增施有机肥，减少化肥施入量，改善耕地质量，提高苹果果实品质。

（4）施肥量。幼园每亩施农家肥1 500千克或商品有机肥250千克，配方肥每亩施25～50千克；盛果树每亩施农家肥2 000千克或商品有机肥400千克，配方肥每亩施100～150千克。

（5）施肥方式。沟施或穴施。

2. 水肥一体化技术

（1）所需要的主要设备。有贮肥罐、加压泵、高压管、追肥枪等。

（2）配肥采用二次稀释法进行。首先用小桶将复合肥和水溶有机肥溶解，然后再加入贮肥罐，对于少量不溶物，直接施入果园，不要加入大罐，最后再加入冲施肥进行充分搅拌。

（3）施肥区域。在果树树冠垂直投影外延附近的区域，施肥深度为25～35厘米。根据果树大小，每棵树打4～15个追肥孔，每个孔施肥10～15秒，注入肥液1～1.5千克，根据栽植密度，每棵树追施水肥5～30千克。

3. 秸秆还田技术

（1）秸秆树盘覆盖。将事先准备好的秸秆覆盖在树盘位置，设计的覆盖宽度和树冠宽度相同，一般厚度为10～20厘米，在管理过程中必须保证覆盖厚度，对覆盖厚度达不到要求的要及时补充覆盖物；另外管理人员也可以在入秋前，将开始腐烂的覆盖物全部翻入土壤中，秋收后继续在树盘下覆盖秸秆，覆盖方式和要求同上。

（2）秸秆行间覆盖。使用玉米、小麦秸秆等，将其覆盖到果树行间，植株间的宽度视具体情况而定。间距较大的果园，可以覆盖到树冠即可；矮化果园，可以将秸秆覆盖到树冠以外，但株间要留有一定空间，覆盖铺满株间，覆盖的厚度为10～20厘米，覆盖厚度要常年保持，对于腐烂的秸秆可以适当地埋入土中，然后进行补充。

（3）挖沟填埋秸秆。在秋季苹果采收后，可以在果树行间开一条45厘米宽的沟，用玉米、小麦等秸秆将沟填满，最后覆土压实。

4. 新型肥料缓控释肥应用技术

控释肥料是缓释肥料的高级形式，主要通过包膜技术来控制养分的释放，达到安全、长效、高效的目的，是现代肥料发展的主要方向，适合机械化生产的需要。试验证明，缓控释肥料可将肥料利用率由原来的35%提高一倍左右，氮肥流失率显著降低，可以节省氮肥30%～50%。也可以减少施肥次数，节省劳力，减轻农作物病害等。新型缓控释肥料的施用，严格按照其具体施用办法进行。

5. 沼肥综合利用技术

（1）沼渣与化肥配合施用。沼渣与化肥为作物提供氮素的比例为1∶1，可根据沼渣提供的养分含量和苹果生长所需养分确定化肥的用量：幼树每亩施沼渣2 000千克＋复合肥70千克，盛果树亩施沼渣3 500～5 000千克＋复合肥150千克。

（2）沼液与化肥配合施用。

①沼液与碳酸氢铵配合使用。沼液能帮助化肥在土壤中溶解、吸附和刺激作物吸收养分，提高化肥利用率，有利于增产。例如，2 500千克沼液∶25千克碳酸氢铵＝100∶1，其产量比对

照增产28.9%。

②沼渣与碳酸氢铵堆沤沼渣内含有一定量的腐殖酸，可与碳酸氢铵发生化学反应，生成腐殖酸铵，增加腐殖质的活性。当沼渣的含水量下降到60%左右时，可堆成1米左右的堆，用木棍在堆上扎无数个小孔，然后每100千克沼渣配碳酸氢铵4～5千克翻倒均匀，收堆后用泥土封糊，再用塑料薄膜盖严，充分堆沤5～7天，作基肥，每株施10千克。

（3）沼液根外追施。根外追施，也叫叶面喷肥（将沼液稀释后用喷雾设施对果树地上部分进行追肥的施肥方式）。方法是从出料间提取沼液，用纱布过滤，然后沼液中兑20%～30%的清水，搅拌均匀，静置沉淀10小时后，取其澄清液，用喷雾器喷洒叶背面，每亩用沼液80～100千克，可增产9%左右。

（4）沼肥施用注意事项。

①必须采用正常产气3个月以上的沼气池出料间里的沼肥。

②沼渣作追肥，不能出池后立即施用，一般要在池外堆放5～7天。

③用沼液追肥时要注意浓度，尤其是在天气持续干旱的情况下，最好随水施入，以免烧苗。

④叶面喷施需选择无风的晴天或阴天进行，并最好选择在湿度较大的早晨或傍晚。

三、苹果全生育期主要病虫害绿色防控集成技术

（一）技术原则

1. 技术配套

在坚持系统调查的基础上，针对主要病虫防治对象，重点实

施药剂组合技术，把握施药适期；同时组装、配套、集成农业栽培、害虫诱杀、免疫诱抗等技术措施，以作物为主线形成技术体系。

2. 减量增效

综合考虑苹果全生育期主要防控对象发生规律和药剂使用特点，制订农药品种组合方案，提高用药对症性。同时，选用高效施药器械，科学把握喷液量，减少农药用量，提高利用率，增强农药效能。

3. 提质降本

通过免疫诱导产品与农药的配合使用，提高苹果树免疫力，增强抗性，改善树势及果品品质，降低农药用量，提高商品率，增加产出效益。

4. 确保安全

优先使用生物农药和高效低毒、环境友好型化学农药，严格遵循《农药合理使用准则》的各项指标要求，控制农药残留量，确保果品质量安全。

（二）苹果全生育期主要防控对象及防控集成技术

1. 萌芽至开花前

此时期主要病虫害有新发的苹果树腐烂病病斑、越冬的各种病虫，如芽鳞中越冬的苹果白粉病病菌、山楂叶螨雌成螨、苹果全爪螨卵、卷叶蛾幼虫、蚜虫卵、介壳虫等。要预防早春倒春寒，保花保果。

（1）树上喷雾。选用治疗性杀菌剂＋触杀性、渗透性强的杀虫剂＋免疫诱导剂药剂品种组合，降低病虫害发生基数。依据田间调查情况选用三唑类杀菌剂，如43％戊唑醇悬浮剂、50％烯唑醇水分散粒剂、40%腈菌唑水分散粒剂等，杀虫剂可用40%毒死蜱乳油、1.8%阿维菌素乳油等，杀虫剂、杀菌剂各选用1种，按照各自推荐用量，不增不减，配制好药液。苹果叶螨发生重的果园，加入螨卵和成螨兼杀的杀螨剂，最后加入免疫诱导剂5%氨基寡糖素水剂800～1 000倍液（要先用水稀释10倍以上再使用），混合均匀后全树细致喷雾。

（2）刮治苹果树腐烂病病斑。检查全园，刮治漏防的苹果树腐烂病病斑。刮除时把病部的坏死组织及相连的5毫米左右健皮组织仔细刮净，深达木质部，连绿切成立茬、梭形。刮后及时选用3%甲基硫菌灵糊剂（或1.8%辛菌胺醋酸盐水剂）50倍液或45%代森铵水剂50倍液等药剂涂抹病处，促进病斑愈合。超过树干1/4的大病斑及时桥接复壮。

（3）果园安装杀虫灯。开花期果园每1.3～2.0公顷安装1台杀虫灯，杀虫灯稍高于树冠，可诱杀食花金龟甲等趋光性害虫，降低害虫落卵量，减轻后期幼虫危害程度。

2. 落花后坐果期

此时期苹果白粉病随苹果树春梢抽生进入发病盛期，苹果斑点落叶病病菌、苹果褐斑病病菌、苹果锈病病菌等开始侵染新梢叶片，蚜虫、山楂叶螨、金纹细蛾、卷叶蛾等出蛰危害。花后7～10天是各种越冬病虫出蛰盛期，也是施药关键时期。

（1）树上喷雾。选用保护性杀菌剂＋杀虫剂＋各种螨态兼顾的杀螨剂品种组合，树上喷雾，保护苹果树新生叶片免受早期落叶病病菌侵染，减轻套袋前的防治压力。如80%代森锰锌可湿性粉剂＋5%啶虫脒乳油＋50%四螨嗪悬浮剂，或70%丙森锌可湿性粉剂＋20%吡虫啉可湿性粉剂＋15%哒螨灵乳油等。按照各自推荐用量，配制好药液。

（2）果园悬挂性诱剂。金纹细蛾发生较重的苹果园，田间安装性诱捕器（宁波纽康生物技术有限公司生产），棋盘式布局，诱捕器间隔15～20米，每亩安装5～6个，悬挂于树冠外中部，距地面高度约1.5米，诱杀金纹细蛾成虫。

3. 套袋前

叶部和果实病害的初侵染期和发病期也是多种害虫发生繁殖的关键时期。此时期苹果斑点落叶病、苹果褐斑病等病害开始发生，叶螨繁殖加快，苹果黄蚜、金纹细蛾等进入危害盛期。保护果面，确保无病虫入袋。

（1）药剂组合。以触杀、内吸性杀虫杀螨剂＋保护性、内吸性杀菌剂为主，尽量选用水分散粒剂、悬浮剂等水性化剂型，全园细致喷洒，待药液干后套袋，每次喷药后可连续套袋5～7天，若没有套完，应再次喷药后继续套袋。保护性杀菌剂如75%代森锰锌水分散粒剂、65%代森锌水分散粒剂等，内吸性杀菌剂有10%苯醚甲环唑水分散粒剂、70%甲基硫菌灵水分散粒剂等，杀虫剂可选用2.5%高效氯氟氰菊酯水乳剂、40%毒死蜱水乳剂、5.6%阿维·联苯菊微乳剂、5%甲氨基阿维菌素苯甲酸盐水分散粒剂等，杀螨剂有5%唑螨酯悬浮剂等，杀虫剂、杀螨剂、杀菌剂各选用1种，按照各自推荐用量配制好药液。

（2）配套技术。6月初，根据害螨发生情况田间释放捕食螨；合理负载；及时清理杀虫灯诱杀的害虫并深埋；定期更换性诱剂诱芯或粘虫板，清理诱盆中的死虫并加注清水。

4. 套袋后幼果期

此期苹果斑点落叶病、苹果褐斑病等病害进一步扩展，金纹细蛾、叶螨、卷叶蛾世代重叠，危害加重。苹果树落皮层（树体表面翘起的、鳞片状的、易脱落的褐色坏死皮层组织）形成，苹果树腐烂病开始新的侵染。

（1）树上喷雾。根据病虫情报，以触杀、内吸及具有胃毒作用的杀虫剂＋防治早期落叶病的内吸性治疗性杀菌剂农药品种组合为主。选用免疫诱抗剂，减控害虫，提高树体抵抗力。药剂组合方案有3%多抗霉素可湿性粉剂＋52.25%氯氰·毒死蜱乳油＋5%氨基寡糖素水剂，或戊唑醇＋50%溴螨酯乳油＋40%氯虫·噻虫嗪水分散粒剂，或丙森·异菌脲＋阿维菌素乳油＋氨基寡糖素等。按照推荐用量，混配后全园喷雾。

（2）药剂涂干。预防苹果树腐烂病6月底至7月初苹果树落皮层初形成期，用代森铵或辛菌胺乙酸盐或噻霉酮水剂任1种50倍液，涂刷苹果树主干及大枝。

5. 果实膨大期

此期高温多雨，诸多病虫进入盛发期，尤其是早期落叶病等叶部病害危害加重，卷叶蛾等继续危害，前期控制不力的山楂叶螨、苹果全爪螨等出现全年又一危害高峰，也是防治最后一道防线。

（1）树上喷雾。根据病虫预报，综合考虑气象条件、病虫防治指标、天敌等因素，对症选用药剂，单用或混合喷施防治1～2次，注意药剂安全间隔期。以触杀、内吸及具有胃毒作用的杀虫剂＋防治早期落叶病的内吸性杀菌剂＋各螨态兼杀的杀螨剂农药品种组合；使用免疫诱导剂氨基寡糖素，以促进果实膨大，改善果品品质。杀菌剂选用戊唑醇（以防治苹果褐斑病为主）或多抗霉素（以防治苹果斑点落叶病为主）或甲基硫菌灵或代森锰锌等，杀虫剂选用阿维·联苯菊、毒死蜱、菊酯类、杀铃脲、甲氨基阿维菌素苯甲酸盐等，杀螨剂选用螺螨酯、乙螨唑、联苯肼酯等。

（2）物理诱杀。树干上部或大枝基部捆绑诱虫带。于害虫越冬前，将诱虫带对接后用绳子或胶带绑扎在苹果树第一分枝下 10～20 厘米处，或固定在其他小枝基部 5～10 厘米处，诱集害虫在其中越冬。等害虫完全休眠后到出蛰前（12 月到翌年 2 月，最好是惊蛰过后）天敌爬出，再解下诱虫带集中烧毁。

6. 果实采收后

病虫害逐渐进入越冬状态，如树枝干粗老翘皮中越冬的山楂叶螨雌成螨、苹果全爪螨卵、卷叶蛾越冬幼虫等，枝干上的苹果树腐烂病新发病斑、苹果轮纹病病菌、苹果干腐病病菌，病果和病落叶中越冬的金纹细蛾蛹、苹果斑点落叶病病菌、苹果褐斑病病菌、苹果轮纹病病菌等。夏季侵染的苹果树腐烂病新发病斑出现表面溃疡。

（1）树上喷雾。果实采收后 1 周，使用长持效杀虫剂＋广谱性杀菌剂农药品种组合，如 48％毒死蜱乳油＋80％多菌灵可湿性粉剂，按照推荐用量配制药液全园喷雾，压低越冬病虫源基数。

（2）刮治苹果树腐烂病病斑。经常检查果园，对发现的苹果树腐烂病新发病斑，轻刮治（树皮表面微露黄绿色即可）后，选用 3％甲基硫菌灵糊剂原液或辛菌胺乙酸盐水剂或 45％代森铵水剂或噻霉酮 50 倍液涂抹病斑，防止苹果树腐烂病进一步扩展。

（3）落实“剪、刮、清、涂、翻”等农业技术措施。一是剪除病虫枝，剪锯口、伤口等及时包泥或涂药保护；二是刮除粗老翘皮和苹果枝干轮纹病、苹果树干腐病等病皮，刮时树下铺设塑料膜，刮下的粗老翘皮、病皮集中带出果园销毁；三是清洁果园，将园内枯枝、病虫僵果、残存的套袋、杂草及“剪”“刮”下的粗老翘皮、病虫枝等一切可能为病虫害提供越冬场所的物品彻底清理出果园，并集中烧毁；四是枝干涂白，在刮除病皮和粗皮后用涂白剂（生石灰 10 份、20 波美度石硫合剂 2 份、清水 20 份等充分搅拌均匀）对苹果树主干和大枝进行涂白；五是深翻土壤，土壤封冻前，结合施肥，把苹果树树冠下土壤深翻 20～30 厘米。

（三）科学应用集成技术

1. 树立“科学植保”理念，优化策略

“科学植保”就是要顺应病虫害发生危害规律，把科学防控的理念贯穿于病虫害管理的全过程、各环节，全面提高技术集成和推广应用水平。就是要综合考虑区域生态特点、关键生育期主要病虫种类和发生规律、气象和环境条件等，明确不同生育期防控目标，综合单项技术的适用性、局限性，多项技术的组合和配套应用等多因素，优化“预防为主，综合防治，突出主控，技术配套”的防治策略。如花后 7～10 天是各种越冬病虫侵染和出蛰盛期，套袋前要确保无病虫入袋和保护幼果果面，膨大期要考虑药剂的安全间隔期，从而确定防治技术组合。苹果落花后坐果期，正值春梢抽生期，一方面是苹果褐斑病、苹果斑点落叶病等病害的适宜初侵染期，此期若多雨，病菌侵染就加快，就要用保护性杀菌剂，一旦果园发现病斑就要用治疗性、内吸性杀菌剂；

另一方面是害虫害螨出蛰盛期，金纹细蛾越冬代成虫发生整齐，适宜悬挂性诱捕器诱杀，山楂叶螨越冬代雌成螨产卵，苹果全爪螨越冬卵孵化，就要考虑选用卵、螨兼治的杀螨剂，蚜虫危害新梢，选用啶虫脒、吡虫啉等专性杀虫剂。苹果树幼果期新梢停止生长，树干落皮层形成，苹果树腐烂病新的侵染循环开始，在做好树上药剂组合喷雾防治的同时，要采用辛菌胺乙酸盐、代森铵等进行药剂涂干，预防侵染。

2. 树立“绿色植保”理念，综合防控

“绿色植保”就是要坚持以人为本，注重保护生物多样性和减少环境污染，着力促进防控措施由依赖单一化学药剂防治向绿色防控和综合防治转变。苹果树绿色防控是“科学植保”和“绿色植保”技术的全面体现，既不是“灯、板、带”，也不是单一的药剂防治，而是以苹果树为主线，以全生育期不同阶段的防控目标为重点，集成优化、配套应用农业栽培、生态调控、害虫诱杀、生物防治、免疫诱抗、药剂防治等多种技术形成的全生育期技术体系。通过加强果园肥水管理、合理修剪和负载、清扫果园、种植绿肥作物（如白车轴草）等农业和生态措施，改善果园生态小环境，压低病虫害发生基数；花前、幼果期和果实膨大期施用氨基寡糖素等免疫诱导剂，优化苹果树农艺性状，增强树势，提高抗逆能力；通过释放捕食螨、悬挂性诱捕器、安装杀虫灯、捆绑诱虫带等生物和物理措施诱杀鳞翅目和越冬害虫；在监测调查的基础上，对达到防治指标的苹果园，采用高效、绿色、环保型化学药剂品种和剂型组成最佳品种和剂型组合。多种防治技术措施的组装、配套、协同应用，形成苹果全生育期病虫害绿色防控技术体系，达到减量增效、提质降本的目的，保障农业生产安全、农产品质量安全和生态环境安全。

3. 做好病虫动态监测，科学决策

根据区域生态环境特点，科学布点，建立病虫害系统监测点，按照苹果树主要病虫调查规范，开展系统的田间调查和监测。一般7～10天1次，病虫发生高峰期可适当加大调查频率，准确掌握病虫发生种类、发生程度、病叶率、虫口密度和害虫生育期等情况。根据病虫发生具体情况，明确关键生育期的主要防控目标和兼防对象，结合病虫防治指标、天敌数量、气象条件等，决定是否用药防治、要采取的具体防治技术组合、对症药剂组合及其最佳施药时期、施药次数。防治决策要根据病虫具体情况灵活调整，发现病虫危害有上升迹象时，要及时调整药剂使用品种，当个别重发病虫害不能与主要施药时期相吻合时，要按各自的防治适期单独施药。

4. 提高科学用药技术，减量增效

当前的病虫防控中，药剂防治依然是其中一项主要措施，关键是要掌握与病虫害发生规律相结合的药剂使用技术，从科学的药剂品种组合和施药技术两个方面实现减量增效，提质降本。进行药剂组合时，首先，要考虑病虫害的发生危害规律，包括病害的侵染循环、危害特点，害虫的虫态、生活习性等；其次，要考虑药剂的性质、作用方式等，如病害侵染前用保护性杀菌剂，发病后要用内吸性、治疗性杀菌剂，杀螨剂中唑螨酯速效性强，对幼若螨效果好，联苯肼酯持效性好，对螨卵、幼若螨、成螨都有效；再次，要安全合理使用药剂，国家在《农药合理使用准则》中对每个农药品种的亩使用量、全生长季最多使用次数、安全间隔期、农药残留限量等都有明确规定，使用中要严格遵守。科学的药剂组合还要依赖高效安全的施药技术，才能最大程度提高农药有效利用率，真正提高防效。选用风送式果林喷雾机等新型高效施药器械，注重雾滴细化、药液雾化效果，改变传统的大容量“淋洗式”喷雾，避免大水量粗雾滴喷洒；科学把握施药液量，常量喷雾果园每亩施药液量掌握在75～100千克，喷到叶面湿润、叶片上形成适宜的雾滴沉积分布密度为宜，从而增强农药效能，减少农药用量，减少浪费和污染。施药时还要结合病虫害发生规律，如苹果褐斑病最初是树冠下层和内膛叶片先发病，而后向上层和外围叶片转移；山楂叶螨由树冠内膛向外逐渐转移危害，大多杀螨剂只具触杀性，只有虫体接触到才能起作用，因而喷雾时要做到均匀、细致、周到，树冠从上到下、从内膛到外围都要喷到。

第二节　柑橘化肥农药减施增效技术

一、浙南山区柑橘套种白车轴草技术

（一）技术概述

柑橘是浙江的第一大水果，栽培面积在150万亩左右，年产量约200万吨。柑橘生产是浙江的传统特色产业，在全国柑橘生产中也占据着重要的地位。浙江柑橘主要分布在浙南山区，土壤类型以红黄壤为主，由于柑橘种植效益偏低且不稳定，农民在耕地保护与质量提升方面不舍得投入，有机肥应用少，单纯以化肥为主的现象较为严重。由于人工成本日益增高，果园除草基本以使用草甘膦等除草剂为主，土壤中农药残留量居高不

下，为推广“生态种植”的理念，区内推广“白车轴草＋有机肥＋配方肥”的施肥技术模式。白车轴草鲜草翻耕用作绿肥，有机肥主推商品有机肥，配方肥则为当地土肥技术部门依据测土配方施肥技术主推的产品，目的在于减少不合理化肥投入，促进粮食增产、农民增收和保障生态环境安全。柑橘园套种白车轴草在浙江省衢州市、丽水市等地均有分布，始兴于20世纪末21世纪初用作公路两边的景观，是一种高效立体生态种植模式，也是一项有效提高自然资源的利用率、提高果园复种指数、促进农业产业结构调整的重要技术措施之一，同时也是推进化肥减量，实现节本增效、农民增收的一条重要途径。

该技术与农民习惯种植方式和施肥模式相比，可以减少柑橘上的施肥量：基肥中氮肥用量可减20%，追肥中氮肥用量可减15%～20%；对减少农药用量有明显促进作用，草蛉、瓢虫等天敌数量增加，起到生物防治的效果；抑制杂草生长；改良果树根系附近土壤，提高土壤有机质含量；减少水土流失，提高肥料利用率。

（二）适用范围

在浙江省范围内均可推广应用，适用作物有梨、柑橘、桃、葡萄等。

（三）技术措施

1. 施肥原则

（1）重施有机肥，推进绿肥种植，注重生物供氮。

（2）预防缺铁、缺镁，应适当补施中微量元素肥料。

（3）根据土壤肥力状况，优化氮、磷、钾肥用量、施肥时期和分配比例。

（4）11月以后不建议施用沼液。

2. 肥料品种与施肥量

（1）有机肥。主要选择以当地畜禽粪便等有机肥为原料生产的商品有机肥或堆肥及其他农家肥。施用量：商品有机肥1 000～2 000千克/亩或者堆肥及其他农家肥1 500～3 000千克/亩。

（2）配方肥。选择养分含量45%（16－10－19）配方肥或相近配方。施用量25～35千克/亩。

（3）沼液。柑橘园年施用沼液量不宜超过50吨/亩，沼液用水稀释1倍后直接灌溉施用，深秋或冬季不宜施用沼液。

3. 施肥时期与方法

（1）白车轴草播种。春播时间为3月，秋播时间为9月，用种量2～3千克/亩。用等量沃土拌种后撒播，播后保持土壤湿润，一般一周就可发芽出苗。

（2）白车轴草管理。为提高白车轴草鲜草产量，播种前可亩施过磷酸钙20～25千克；出苗后10天，视苗情追施尿素5～10千克/亩；每刈割一次，可追施复合肥5～10千克/亩。

（3）白车轴草翻压。白车轴草草层高20～25厘米时，可以考虑刈割，割下的鲜草可堆积在果树根部周围，覆土腐熟用作肥料。一般每年可刈割2～3次。

（4）柑橘施肥。除去白车轴草可多次刈割后用作堆肥外，其他基肥、追肥如下。基肥：果子采后施，一般随采随施。晚熟品种可以提早到采前7～10天施。基肥以有机肥为主，化肥施用量占全年施肥总量的20%，相当于每株施高钾肥（16－10－19）0.1～0.2千克，并结合冬耕深翻，沿树冠下环状沟施或穴施。

追肥：第一次幼果形成期追肥（4 月中旬），结合中耕除草，沿树冠下环状穴施或沟施，后浇水。第二次膨果肥：5—6 月幼果开始长大，如养分不足，容易落果，采用全面根外追肥，在 5 月下旬开始，可分别喷施 0.1%～0.2%硝酸钙＋0.1%～0.2%硝酸钾、0.1%～0.2%硫酸镁、0.1%～0.2%硫酸亚铁，每隔 10 天喷施 1 次，连续 3 次。

二、湖南丘岗区柑橘“配方肥＋有机肥”技术

（一）技术概述

湖南柑橘主要分布在丘岗坡地，存在的主要问题有：肥料结构上重化肥轻有机肥，重氮肥轻磷、钾肥，重大量元素肥料轻中微量元素肥料；施用方式上，撒施增多，沟施减少，肥料利用率低；柑橘园土壤酸化、瘠薄，保水保肥供肥能力削弱；病虫害加剧，果品内外品质降低，商品率下降，效益不高。柑橘“配方肥＋有机肥”技术模式的技术要点是通过测土配方施肥技术，结合柑橘需肥规律和土壤供肥特性，制定柑橘周年施肥方案，大幅提高有机肥用量，促进有机养分和无机养分的平衡，同时改变施肥方法，即改撒施为沟施。该技术与农民习惯的施肥方式相比，柑橘产量可增产 10%以上，优果率提高 15 个百分点，果形端正、着色均匀，病虫果明显减少，果品的含糖量和维生素 C 含量分别提高 1 个百分点以上。亩均减少化肥用量分别为：氮（N）6 千克、磷（P_2O_5）1 千克、钾（K_2O）5 千克。

（二）适用范围

适用于湖南丘岗区种植的蜜橘、橙类、杂柑等盛果期成年

园，从地形来讲，包括丘陵、岗地、低山等；从区域来讲，包括湘南、湘北、湘中和湘西等地。

（三）技术措施

1. 有机肥施用技术

（1）有机肥类型。主要包括饼类（豆、菜籽、茶籽、桐籽饼等）、生物有机肥类、畜禽粪便类（猪、牛、羊粪等）、普通商品有机肥、沼肥（沼渣、沼液）、秸秆类等。

（2）施肥时期。

还阳肥：秋季还阳肥施用的最适宜时间是10月上旬至11月中下旬，即采收后15天内施用，有机肥一次施用。保花肥：3月底至4月初施用。壮果肥：6月中下旬施用。

（3）施用量。腐熟畜禽粪2 000千克/亩（约6米^3），或优质生物肥500千克/亩，或饼肥200千克/亩，或腐殖酸肥料100千克/亩。

（4）施用方法。采用沟施。沟的规格：宽×深×长＝30厘米×30厘米×100厘米；沟的数量为每蔸2条；沟的位置为树冠滴水线内距树干2/3树冠投影半径处；两条沟以树干为中心呈对称关系。

（5）注意事项。有机肥提前进行腐熟；沟的深度在不伤根或少伤根的前提下适当加深；沟的位置，每年旋转90°，交替进行。

2. 配方肥的施用技术

（1）肥料配方根据多个试验示范和多点的区试，结合湖南农业大学、湖南省农业科学院专家的建议，确定柑橘专用配方肥为：40%硫基复合肥，配方为17－10－13，另外分别添加2%的锌和硼。

（2）施用量。还阳肥：40%柑橘专用配方肥 20～25 千克/亩。保花肥：40%柑橘专用配方肥 10～15 千克/亩。壮果肥：40%柑橘专用配方肥 20～25 千克/亩。根外追肥：分别在萌芽、现白、谢花期结合病虫防控施用，增加锌、硼、氮、磷、铁等营养。

（3）施用时期和方法。还阳肥与有机肥混匀施用并覆土，保花肥和壮果肥采用条施或环施，施后覆土。

三、三峡库区柑橘“商品有机肥＋配方肥”技术

（一）技术概述

长江三峡库区是柑橘主产区，年产量达 300 万吨左右，该区域内的奉节柑橘、万州玫瑰香橙、梁平柚更是驰名中外。目前，库区内柑橘种植区域主要集中在长江流域的低海拔地区，以坡耕地为主。柑橘施肥方面存在的问题：化肥施用超量，重氮肥轻磷、钾、有机肥，肥料撒施现象普遍，肥料利用率低，养分流失严重；土壤酸化明显，土壤有机质含量逐年下降；镁、硼、锌等中微量元素普遍缺乏等。“商品有机肥＋配方肥”技术模式是按照等养分替代原则，在保证柑橘养分不变的情况下部分减少化肥用量，减少的化肥量用有机肥代替，实现等养分不变的原则，由此达到在柑橘提质增效的同时提升土壤有机质含量的目的。该技术与农民习惯施肥相比，每亩减施化肥 15.6 千克（折纯），柑橘产量增加 20%以上，柑橘可溶性固形物提高 2～3 个百分点，果实外观明显改善，商品性提高，同时提升土壤有机质含量 0.2～0.3 个百分点，土壤贫瘠化、酸化、次生盐渍化等问题得到有效改善。

（二）适用范围

适用于长江流域沿线海拔在 400 米以下的柑橘种植区域，该

区域内柑橘种植面积大，同时规模化养殖少，有机资源匮乏，但这些区域交通方便，经济发展较快，农民对增施商品有机肥接受度高。

（三）技术措施

1. 施肥原则

（1）利用商品有机肥部分替代化肥养分，调整柑橘施肥结构，实现化肥使用量减少。

（2）通过增施商品有机肥，不断提高三峡库区柑橘品质，提升库区柑橘品牌影响力。

（3）利用有机肥的缓冲作用，不断提升土壤质量，减缓土壤酸化进程，实现土壤的可持续利用。

2. 肥料品种与施肥量

（1）商品有机肥。主要选择市场上销售的普通商品有机肥，商品有机肥有机质含量大于45%，总养分含量大于5%。施用量为600千克/亩（结果树，每亩按60株计算，下同）。

（2）配方肥选择。45%［$N:P_2O_5:K_2O$养分比例1∶0.5∶(0.8～1)］硫酸钾型配方肥或相近配方。施用量：配方肥62.5千克/亩。

（3）中微量元素肥料。根据测土配方施肥技术，三峡库区柑橘缺镁、硼、锌等现象普遍，中微量元素肥料可叶面喷施或者根外施肥。根外施肥可施镁肥6千克/亩、硼肥1.8千克/亩、锌肥3千克/亩；叶面喷施要严控肥料浓度，硼肥浓度为0.2%左右，镁肥浓度为0.1%～0.2%，锌肥浓度为0.1%左右。

3. 施肥技术

（1）商品有机肥。商品有机肥与采果肥一并施用。实行深翻扩穴改土，在柑橘树冠滴水线 20 厘米外挖槽，槽长 80 厘米、宽 40 厘米、深 30 厘米，将商品有机肥与配方肥（采果肥）拌匀施入槽中（最佳方法是 5～10 千克厩肥或枝叶杂草垫底，有机肥＋配方肥与土按 1∶6 拌匀施入），然后回土覆盖。

（2）配方肥。促花肥、壮果肥实行槽施，即在柑橘树冠滴水线 20 厘米外挖两条槽，长 50 厘米、宽 20 厘米、深 20 厘米，将肥料均匀施入槽中，然后回土覆盖。

（3）中微量元素肥料。根外施肥应与促花肥拌匀后一并施用；叶面喷施则将肥料溶于水中用喷雾器喷施。

4. 施肥时期

（1）有机肥。施用时期为柑橘采摘结束，完成柑橘树的整形修枝后，即 12 月底与采果肥一次性施用。

（2）配方肥。配方肥一年共施用 3 次，分别为促花肥（2 月下旬至 3 月上旬）25 千克/亩、壮果肥（6 月下旬至 7 月初）25 千克/亩、采果肥（12 月底）12.5 千克/亩。

（3）中微量元素肥料。根外施肥，在促花肥（2 月下旬至 3 月上旬）施用时，与配方肥拌匀后一次性施用；叶面喷施，硼肥在春季发芽前、花落 2/3 时、幼果期施用，各喷施 0.2%硼砂水 1 次，镁肥在春季发芽前、花落 2/3 时、幼果期施用，各喷施 0.1%～0.2%硝酸镁溶液 1 次，锌肥以 5 月上中旬施用为主，7 月、10 月，各喷施 0.1%硫酸锌 1 次。

5. 注意事项

商品有机肥不能选择以鸡粪为主要原料的有机肥，严控重金属、抗生素等有害物质，防止超标；中微量元素肥料施用时叶片背面尤其新叶背面要喷湿。

四、柑橘病虫害绿色防控技术

1. 农业防控

冬季合理修枝整形后，用45%固体石硫合剂120克/亩，稀释成500倍液喷施清园。开春深施有机肥，于树下播种苜蓿。实施健身栽培。

2. 释放捕食螨

清园后，于3下旬释放胡瓜钝绥螨。根据树龄与长势，释放卵量1 500粒/株。

3. 理化诱控技术

①灯诱。每亩安装1盏太阳能杀虫灯（波长320～400纳米），诱杀蛾类、蝽类、金龟类等害虫。开灯时间为春（秋）季20：00～24：00、夏季19：00至次日1：00。

②黄板。4—9月，每亩放置黄板15～20张，隔2株挂1张，悬挂于树高2/3处树冠边缘枝条上。每月更换1次。诱杀柑橘园内蚜虫、柑橘粉虱、叶甲类、锈壁虱等害虫。

③食诱。柑橘花期结束后、鳞翅目害虫发生危害始期，投放生物食诱剂。每亩均匀布置3个方盒诱捕器，悬挂在柑橘中上部树枝，每月更换1次食诱剂。诱杀柑橘园内斜纹夜蛾、柑橘凤蝶与金龟类等害虫。

④性诱。根据柑橘潜叶蛾秋季发生较重的情况，夏末秋初，投放2次柑橘潜叶蛾性诱剂，将诱芯安放在船型诱捕器上。每亩放置1个，悬挂于树高2/3处的树冠边缘。

4. 科学用药

在清园后用0.3%印楝素乳油75克/亩防治害螨等越冬代害

虫。柑橘开花前、坐果后、果实膨大期各施1次5%氨基寡糖素水剂60克/亩，增强植株抗病、抗逆能力。针对炭疽病，分别于春季和秋季施用25%嘧菌酯悬浮剂60克/亩进行防治。各药剂均兑水60千克/亩，机动弥雾喷施。

第三节　葡萄化肥农药减施增效技术

一、技术目标

通过增施有机堆肥、生物菌肥以及平衡施肥和水肥一体化管理技术，化学肥料商品量由过去的1 500～2 250千克/公顷，减少为750～1 050千克/公顷，减少化学肥料用量50%以上。通过农业防治、生态调控、物理防治、生物防治和低残留化学农药防治病虫害综合配套技术，葡萄全生育期内用药7～9次，且以矿物源农药以及生物与化学农药协同防治为主，而常规生产化学防治用药14～18次，能减少化学农药用量50%左右，病虫害总体防效达到90%左右，总体病虫危害损失控制在10%以内。葡萄鲜果农药残留检出合格率100%，符合A级绿色食品标准，葡萄优质商品果产量15～22.5吨/公顷，提质增效20%～30%。由于消除葡萄鲜果食用安全隐患，减少环境污染，满足了消费需求，对创建葡萄绿色品牌、提高市场竞争力，促进葡萄产业健康稳定发展起到积极的推动作用。

二、技术模式

（一）化肥减施增效

重施基肥（如发酵生物堆肥、生物菌肥、生物炭肥、钙镁磷肥等）＋生草或物料覆盖（如醋糟、秸秆等）＋适量追肥（如发酵豆菜饼肥、生物菌肥、腐殖酸肥、水溶性复合肥等）＋水肥一体化技术。

（二）农药减施增效

农业与生态调控防治（如选择优质抗病品种、合理密植、及时间伐、整形修剪、合理负载量、避雨、地面园艺地布等覆盖、果穗套袋、微喷滴灌等）＋理化诱杀（如频振式杀虫灯诱杀、黄蓝板诱杀、性诱剂诱杀、阻隔等）＋生物诱抗制剂＋低残留风险农药（如矿物源产品、生物制剂、化学农药等）＋精准施药技术，控制病虫害发生和危害。

三、关键技术

（一）土壤改良与生物修复技术

由于目前国内大部分葡萄园有机质含量较低，少的仅为0.5%左右，一般在1%～2%，而日本等国外果园有机质含量普遍在3%以上，土壤有机质含量偏低是影响葡萄优质高效和肥效发挥的重要原因。为此要大力倡导使用发酵生物堆肥和生物肥料，改善土壤质量，提高土壤肥力，强根健树，减少化学肥料使用。

1. 重施基肥

以测土配方施肥为依据，坚持重施基肥、有机肥为主、平衡施肥。基肥一般在葡萄根系第二次生长高峰前施入，一般在秋季葡萄果实采收后进行。有机肥施用量根据当地土壤情况、树龄、结果多少等情况而定，一般果肥质量比为1∶2，即产量为15～22.5吨/公顷，基施发酵有机堆肥（生物腐熟剂发酵猪、羊等畜禽粪＋秸秆）30～45吨/公顷；有机堆肥不足的，可增施豆菜饼肥

2 250～4 500 千克/公顷，生物菌肥1 800～2 400 千克/公顷，另外施用钙镁磷肥 600～900 千克/公顷；土质板结、酸化较重的土壤，可增施生物炭肥 1 500～2 250 千克/公顷。基肥多采用沟施，施肥沟距主干 30～50 厘米，施肥沟深 20～50 厘米，宽 20～30 厘米。

2. 适量追肥

一般在萌芽前后、开花前、幼果发育期、果实转色期追肥，一般追施 3～4 次。可用生物菌肥 600～900 千克/公顷或发酵豆菜饼肥 600～1 200 千克/公顷，以及黄腐酸钾肥 30～60 千克/公顷等，替代或减少三元复合肥、磷酸二铵、硫酸钾等。水肥一体化滴灌改用水溶性肥料，如腐殖酸、黄腐酸等液体肥和水溶性化肥等。

3. 生草与覆盖栽培

指在葡萄园行间或全园长期种植植物的一种土壤管理方法，分为人工种草和自然生草 2 种方式。江苏等葡萄产区可种植黑麦草、三叶草或混播。当草高 30 厘米左右时，留茬 5～10 厘米刈割，刈割的草可覆盖在树盘或行间，使其自然分解腐烂或结合畜牧养殖过腹还田，增加土壤肥力。生草的优点是减少雨水冲刷土壤，增加土壤有机质含量，改善土壤理化性状，使土壤保持良好的团粒结构，保墒保肥，提高品质；且改善葡萄园生态环境，为病虫害的生物防治和生产绿色果品创造条件；减少葡萄园管理用工，便于机械化作业。但因生草栽培果园不易清扫、增加病虫源等问题，应相应加强管理。或地面覆盖醋糟、稻麦秸秆等，秸秆等越碎越细越好，覆草多少根据土质和草量情况而定，厚度 15～20 厘米，每年结合秋施基肥深翻。

（二）农艺措施与生态调控技术

1. 农艺措施

选用优质抗病品种，合理密植，及时间伐，清洁田园，重视整形修剪（因品种、栽培方式不同采用“一”字形、H 形等树形，合理留枝、留叶和留果等），建立高光效树形；严格疏花疏果（因品种不同，每串果穗留 60～90 粒）、合理负载量（果穗 22 500～37 500 串/公顷）和控产限产（优质商品果产量 15～22.5 吨/公顷），维护健壮的树势，增强葡萄植株抗病虫能力。

2. 避雨栽培

避雨栽培能降低土壤和空气湿度，喜干燥气候的欧亚群葡萄品种更需避雨栽培。湿度降低不利于病菌繁殖，能有效减轻霜霉病、黑痘病、炭疽病等病害的发生和危害。据苏南多雨地区实践，避雨栽培的葡萄霜霉病、炭疽病等病害的发生率可比露地栽培田块降低 60%～90%，且避雨栽培可显著减少喷药次数和用药量，还可以提高坐果率，增大果粒，减轻裂果，增进品质，稳定产量。

3. 地面覆盖

覆盖栽培，是一种较为先进的土壤管理方法，适于在丘陵岗坡地易干旱、避雨栽培棚内易湿度大或土壤较为瘠薄的葡萄园应用。早春葡萄园内地面覆盖园艺地布、银黑膜等能减少杂草发生，还能提高地温和稳定土壤湿度，使根系生长良好，并减少肥料流失，使肥料得到充分利用，从而促进果粒细胞增多及糖分提前积累，促进提前成熟，减轻裂果，特别是观光采摘园，方便消费者下田采摘。此外，地面覆盖醋糟、稻麦秸秆或自然杂草等，有改善土壤质地、抑制杂草发生、保水防止干旱的作用，能降低葡萄生长空间的小气候湿度，有一定防病的效果。在地面覆盖醋糟或稻麦秸秆后覆盖园艺地布、银黑膜，效果更好。

4. 微喷滴灌和水肥一体化管理

采用微喷滴灌设施，实现水肥一体化（将灌溉与施肥融为一体，借助压力灌溉系统将水溶性有机与无机肥料随灌溉水输送到葡萄根部）。可按照葡萄需水需肥规律，将水分和养分定时、定量、按比例提供给作物，达到节水节肥、增产增效的良好效果。由于水肥均衡供给，葡萄植株生长健壮，同时能避免沟灌使田间湿度大、病害发生加重的问题，减少农药用量。与传统生产方式相比节本增效10%以上。

（三）理化诱杀害虫技术

葡萄规模化种植后，往往虫害种类也随之增多，虫害的防治难度也在增加。在实际防治过程中，果农常采用广谱化学农药，容易使害虫产生抗药性，影响果品安全和污染环境。在综合防治中，物理防治与常规农药防治相比，优点是经济、安全及无污染。

1. 频振式杀虫灯诱杀

利用趋光性能杀灭葡萄园中多数害虫，其中包括大中型的透翅蛾、天蛾、金龟子和小型的叶蝉等。频振式杀虫灯1～2公顷设置1盏，距地面高度约为2米，距葡萄水平架上方20厘米，安装在葡萄园区中心位置路边走道位置，便于清理。

2. 黄蓝板诱杀

色板诱杀技术是利用害虫的趋色性来诱杀害虫，不同种类的害虫对于不同色彩的敏感程度也不尽相同。例如，蚜虫对黄色很敏感，蓟马对蓝色特别敏感。据此，可以利用害虫的趋色特性，制作黄色或蓝色的粘虫色板诱杀叶蝉、蓟马等害虫，有效减少农药的使用。黄板、蓝板等有商品出售，也可自行制作，纸板或纤维板正反两面涂上黄色或蓝色，干后再涂凡士林+机油，大小一般为 30 厘米×20 厘米，各 450～600 块/公顷，黄色、蓝色交叉分布。用绳子或铁丝穿过色板的 2 个悬挂孔，将其拉紧，垂直悬挂在棚架铁丝上。

3. 性诱剂诱杀

对绿盲蝽、透翅蛾等按 15 个/公顷的标准均匀放置诱捕器进行诱杀，诱捕器种类很多，主要有黏胶诱捕器，将黏性好、不易干的黏胶涂在硬纸板或塑料板上，有船形、三角形等，也可用水盆等诱捕器。诱捕器挂于距离地面 1.5 米处（葡萄园架式为 2.0 米高平棚）。每 20 天更换 1 次诱芯，每个诱捕器前后使用 1～2 个诱芯。在悬挂过程当中，应注意位置的更换。利用性诱剂并借助诱捕器可了解害虫昼夜动态及季节消长规律，也便于确定最佳的防治时期。

4. 阻隔防治

采用果穗套袋，适当早套袋可减少用药，防止药污染果面，提高商品质量。一般在果穗定果后的硬核期进行套袋，套袋可以于 09：00 露水消失后开始，最好是在晴天 14：00—18：00 进行。套袋前全园喷施内吸性杀菌杀虫剂。注意选择的袋子防水透气性要好，要提高套袋质量，防止雨水入侵。避雨或促成设施大棚采用防虫网阻隔，减少迁入葡萄棚内的害虫；此外设置防鸟网，防止鸟害。

(四) 低残留风险农药使用技术

1. 防治原则

选择低毒低残留的药剂防治，严格执行安全用药和采收间隔期。

2. 主要病虫害与药剂选择

（1）药剂防治模式。坚持以防为主，根据病虫发生规律强化监测预警，在积极采用农业防治、生态调控、物理防治基础上，选择矿物源农药防治和生物防治，结合高效低毒低残留的化学药剂防治，从而能防止化学农药抗药性、果品农药残留和环境污染。通过近年在江苏丘陵地区的试验示范，创新提出药剂防治2种基本模式：露地栽培葡萄采用“2+4+3”法（即2次石硫合剂、4次生物与化学药剂、3次波尔多液）；避雨栽培葡萄采用“1+3+2”法（即1次石硫合剂、3次生物与化学药剂、2次波尔多液），但在多雨年份或病虫害重发时，及时增加防治次数和用药量。

①冬季与早春萌芽前。可选用1～2次石硫合剂。时间在早春萌芽前及冬季落叶后，对植株、地面等全面喷施2次5波美度石硫合剂，做到不留死角，以杀死越冬病菌和螨类、蚧类、粉虱类害虫，彻底清除植株上越冬的残留虫卵。喷施前要彻底清扫葡萄园内卫生，将清除出的枯枝落叶与粪肥等堆置覆盖，高温发酵做有机肥为好。

②新梢生长至结果期。针对炭疽病、灰霉病、穗轴褐枯病、黑痘病、白腐病等，在发病前或发病初期，选择生物或化学药剂桶混组合。生物制剂，如16%多抗霉素B可湿性粉剂2 500～3 000倍液、4%嘧啶核苷类抗菌素水剂400倍液，1 000亿活孢

子/克枯草芽孢杆菌可湿性粉剂 1 000 倍液、3 亿活孢子/克哈茨木霉菌可湿性粉剂 300 倍液、2%春雷霉素水剂 500 倍液等；化学药剂，如 250 克/升吡唑醚菌酯乳油 2 000 倍液、42.4%吡唑·氟酰胺悬浮剂 2 000 倍液、300 克/升啶酰菌·醚菌酯悬浮剂 1 500 倍液、75%肟菌·戊唑醇水分散粒剂 2 000 倍液、250 克/升嘧菌酯悬浮剂 1 500 倍液、50%嘧菌环胺可湿性粉剂 4 000 倍液、50%啶酰菌胺水分散粒剂 1 200 倍液、22.2%抑霉唑水剂 1 500 倍液、30%苯甲·丙环唑乳油 2 000 倍液、25%咪鲜胺乳油1 000 倍液、40%氟硅唑乳油 6 000 倍液等。以上生物或化学药剂视病情等各选 1～2 种，对枝叶与穗部均匀喷雾防治。露天葡萄还要重视霜霉病防治，药剂选用 60%唑醚·代森联水分散粒剂 1 200 倍液、687.5 克/升氟菌·霜霉威悬浮剂 600 倍液、23.4%双炔酰菌胺悬浮剂 1 500～2 000 倍液、10%氟噻唑吡乙酮可分散油悬剂3 000 倍液、80%烯酰·霜脲氰水分散粒剂 5 000 倍液等其中1 种，结合防治其他病害药剂喷雾防治。在葡萄新梢生长期、开花前或开花后、结果期、果实膨大期等防治 3～4 次。可结合使用 0.136%芸·吲·赤霉酸可湿性粉剂，促进葡萄植株健壮，增强防病抗病能力。果穗套袋前要重点选用对炭疽病、白腐病、灰霉病、白粉病等防效较高的药剂与组合，在套袋前 1 天或当天药剂要喷透果穗（选晴好天气），果穗药液干后及时套袋。此外，注意查治害虫，一般可选用 1.5%苦参碱水剂 1 500 倍液，60 克/升乙基多杀菌素悬浮剂 1 500～2 000 倍液，1%苦皮藤素水乳剂 1 000 倍液，50%氟啶虫胺腈水分散粒剂 4 000～6 000 倍液，25%噻虫嗪水分散粒剂 1 000～1 500 倍液，240 克/升螺螨酯悬浮剂 4 000～5 000 倍液等其中 1～2 种，结合防病药剂使用。

③果穗套袋后和采收后。以矿物源药剂——波尔多液保叶为主，采用自行配制的等量式波尔多液或80%波尔多液可湿性粉剂400倍液等喷雾。视雨水情况，间隔15～20天喷雾1次，共2～3次，可减轻霜霉病等危害。

（五）精准施药技术

1. 科学施药

（1）对症选药。正确认识病虫害与危害症状及特点，有针对性地选择药剂。

（2）安全选药。绝不选用国家和行业标准中禁止使用的农药，特别是绿色食品葡萄上要选择低毒低残留农药。

（3）交替用药。交替轮换施用农药可避免病虫害产生抗药性，保证药剂的防治效果和减少某种农药在植株体内或葡萄果品上产生过多的残留。

（4）合理混配。若多种病害同时发生，可选用兼治多种病害的复配药剂，也可选用2～3种药剂进行混配，一定要严格按照说明书进行农药混配，以免影响药效。

（5）保证合理间隔时间。注意喷药间隔时间（即2次喷药的间隔天数）和安全间隔期（采收前的最后一次喷药距采收的天数）。不同农药的喷药间隔天数和安全间隔期要求不同，要按照药剂说明书确定喷药间隔时间，严格按照农药安全间隔期用药，确保葡萄鲜果无农残风险。

（6）仔细喷药。喷布药剂时做到均匀周全，用药量要适度，生长季喷药要采用雾状喷布，切忌水淋式喷药，否则不仅降低防治效果还易产生药害。

2. 选择高效植保机械

我国葡萄等果树农药的有效利用率低，喷洒出去的农药只有不到30%能够沉积在树冠上，大量的药液流失到地面或飘移到空气中。为解决药液飘移和流失、土壤和环境污染等问题，积极开发应用新型施药机械和施药技术是植保工作的一项重要内容。目前可选用的新型高效植保机械有山东曲阜圣鲁机械厂生产的WFB-18AC、WFB18-3型高压喷药机，苏州稼乐植保机械有限公司和太仓市金港植保器械有限公司生产的3WBJ系列电动静电喷雾器，南通宏大机电公司生产的6HYC-42A/B型手提式烟雾机，金果园林机械有限公司生产的6HYC-98常温烟雾机等，可代替大水量喷药机械或常规机动喷雾器，不但省工节本、功效大大提高，而且农药利用率提高20%以上，值得加快示范应用。

附录　国家禁用和限用的农药名单

附表 1　国家禁用和限用的农药名单（66 种）

农药名称	禁/限用范围	备注	发布文件
氟苯虫酰胺	水稻作物	自 2018 年 10 月 1 日起禁止使用	农业部公告第 2445 号
涕灭威	蔬菜、果树、茶叶、中草药材		农农发〔2010〕2 号
内吸磷	蔬菜、果树、茶叶、中草药材		农农发〔2010〕2 号
灭线磷	蔬菜、果树、茶叶、中草药材		农农发〔2010〕2 号
氯唑磷	蔬菜、果树、茶叶、中草药材		农农发〔2010〕2 号
硫环磷	蔬菜、果树、茶叶、中草药材		农农发〔2010〕2 号
乙酰甲胺磷	蔬菜、瓜果、茶叶、菌类和中草药材作物	自 2019 年 8 月 1 日起禁止使用（包括含其有效成分的单剂、复配制剂）	农业部公告第 2552 号
乐果	蔬菜、瓜果、茶叶、菌类和中草药材作物	自 2019 年 8 月 1 日起禁止使用（包括含其有效成分的单剂、复配制剂）	农业部公告第 2552 号
丁硫克百威	蔬菜、瓜果、茶叶、菌类和中草药材作物	自 2019 年 8 月 1 日起禁止使用（包括含其有效成分的单剂、复配制剂）	农业部公告第 2552 号
三唑磷	蔬菜		农业部公告第 2032 号

（续）

农药名称	禁/限用范围	备注	发布文件
毒死蜱	蔬菜		农业部公告第 2032 号
硫丹	苹果树、茶树		农业部公告第 1586 号
	农业	自 2018 年 7 月 1 日起，撤销含硫丹产品的农药登记证；自 2019 年 3 月 26 日起，禁止含硫丹产品在农业上使用	农业部公告第 2552 号
治螟磷	农业	禁止生产、销售和使用	农业部公告第 1586 号
蝇毒磷	农业	禁止生产、销售和使用	农业部公告第 1586 号
特丁硫磷	农业	禁止生产、销售和使用	农业部公告第 1586 号
砷类	农业	禁止生产、销售和使用	农农发〔2010〕2 号
杀虫脒	农业	禁止生产、销售和使用	农农发〔2010〕2 号
铅类	农业	禁止生产、销售和使用	农农发〔2010〕2 号
氯磺隆	农业	禁止在国内销售和使用（包括原药、单剂和复配制剂）	农业部公告第 2032 号
六六六	农业	禁止生产、销售和使用	农农发〔2010〕2 号
硫线磷	农业	禁止生产、销售和使用	农业部公告第 1586 号
磷化锌	农业	禁止生产、销售和使用	农业部公告第 1586 号
磷化镁	农业	禁止生产、销售和使用	农业部公告第 1586 号
磷化铝（规范包装的产品除外）	农业	①规范包装：磷化铝农药产品应当采用内外双层包装。外包装应具有良好密闭性，防水防潮防气体外泄。内包装应具有通透性，便于直接熏蒸使用。内、外包装均应标注高毒标识及“人畜居住场所禁止使用”等注意事项。②自 2018 年 10 月 1 日起，禁止销售、使用其他包装的磷化铝产品	农业部公告第 2445 号

（续）

农药名称	禁/限用范围	备注	发布文件
磷化钙	农业	禁止生产、销售和使用	农业部公告第1586号
磷胺	农业	禁止生产、销售和使用	农农发〔2010〕2号
久效磷	农业	禁止生产、销售和使用	农农发〔2010〕2号
甲基硫环磷	农业	禁止生产、销售和使用	农业部公告第1586号
甲基对硫磷	农业	禁止生产、销售和使用	农农发〔2010〕2号
甲磺隆	农业	禁止在国内销售和使用（包括原药、单剂和复配剂）；保留出口境外使用登记	农业部公告第2032号
甲胺磷	农业	禁止生产、销售和使用	农农发〔2010〕2号
汞制剂	农业	禁止生产、销售和使用	农农发〔2010〕2号
甘氟	农业	禁止生产、销售和使用	农农发〔2010〕2号
福美胂	农业	禁止在国内销售和使用	农业部公告第2032号
福美甲胂	农业	禁止在国内销售和使用	农业部公告第2032号
氟乙酰胺	农业	禁止生产、销售和使用	农农发〔2010〕2号
氟乙酸钠	农业	禁止生产、销售和使用	农农发〔2010〕2号
二溴乙烷	农业	禁止生产、销售和使用	农农发〔2010〕2号
二溴氯丙烷	农业	禁止生产、销售和使用	农农发〔2010〕2号
对硫磷	农业	禁止生产、销售和使用	农农发〔2010〕2号
毒鼠强	农业	禁止生产、销售和使用	农农发〔2010〕2号
毒鼠硅	农业	禁止生产、销售和使用	农农发〔2010〕2号
毒杀芬	农业	禁止生产、销售和使用	农农发〔2010〕2号
地虫硫磷	农业	禁止生产、销售和使用	农业部公告第1586号
敌枯双	农业	禁止生产、销售和使用	农农发〔2010〕2号
狄氏剂	农业	禁止生产、销售和使用	农农发〔2010〕2号
滴滴涕	农业	禁止生产、销售和使用	农农发〔2010〕2号
除草醚	农业	禁止生产、销售和使用	农农发〔2010〕2号

（续）

农药名称	禁/限用范围	备注	发布文件
草甘膦混配水剂（草甘膦含量低于30%）	农业	2012年8月31日前生产的，在其产品质量保证期内可以销售和使用	农业部公告第1744号
苯线磷	农业	禁止生产、销售和使用	农业部公告第1586号
百草枯水剂	农业	禁止在国内销售和使用	农业部公告第1745号
胺苯磺隆	农业	禁止在国内销售和使用（包括原药、单剂和复配制剂）	农业部公告第2032号
艾氏剂	农业	禁止生产、销售和使用	农农发〔2010〕2号
丁酰肼（比久）	花生		农农发〔2010〕2号
灭多威	柑橘树、苹果树、茶树、十字花科蔬菜		农业部公告第1586号
水胺硫磷	柑橘树		农业部公告第1586号
杀扑磷	柑橘树		农业部公告第2289号
克百威	蔬菜、果树、茶叶、中草药材		农农发〔2010〕2号
	甘蔗作物	自2018年10月1日起禁止使用	农业部公告第2445号
甲基异柳磷	蔬菜、果树、茶叶、中草药材		农农发〔2010〕2号
	甘蔗作物	自2018年10月1日起禁止使用	农业部公告第2445号
甲拌磷	蔬菜、果树、茶叶、中草药材		农农发〔2010〕2号
	甘蔗作物	自2018年10月1日起禁止使用	农业部公告第2445号

（续）

农药名称	禁/限用范围	备注	发布文件
氧乐果	甘蓝、柑橘树		农农发〔2010〕2号、农业部公告第1586号
氰虫腈	除卫生用、玉米等部分旱田种子包衣剂外	禁止在除卫生用、玉米等部分旱田种子包衣剂外的其他方面使用	农业部公告第1157号
溴甲烷	草莓、黄瓜		农业部公告第1586号
	除土壤熏蒸外的其他方面	登记使用范围和施用方法变更为土壤熏蒸，撤销除土壤熏蒸外的其他登记；应在专业技术人员指导下使用	农业部公告第2289号
	农业	自2019年1月1日起，将含溴甲烷产品的农药登记使用范围变更为“检疫熏蒸处理”，禁止含溴甲烷产品在农业上使用	农业部公告第2552号
氯化苦	除土壤熏蒸外的其他方面	登记使用范围和施用方法变更为土壤熏蒸，撤销除土壤熏蒸外的其他登记；应在专业技术人员指导下使用	农业部公告第2289号
三氯杀螨醇	茶树		农农发〔2010〕2号
	农业	自2018年10月1日起禁止使用	农业部公告第2445号
氰戊菊酯	茶树		农农发〔2010〕2号

附表2　其他3种采取管理措施的农药名单

农药名称	管理措施	农业部公告
2，4-滴丁酯	不再受理、批准2，4-滴丁酯（包括原药、母药、单剂、复配制剂，下同）的田间试验和登记申请；不再受理、批准2，4-滴丁酯境内使用的续展登记申请。保留原药生产企业2，4-滴丁酯产品的境外使用登记，原药生产企业可在续展登记时申请将现有登记变更为仅供出口境外使用登记	农业部公告第2445号
百草枯	不再受理、批准百草枯的田间试验、登记申请，不再受理、批准百草枯境内使用的续展登记申请。保留母药生产企业产品的出口境外使用登记，母药生产企业可在续展登记时申请将现有登记变更为仅供出口境外使用登记	农业部公告第2445号
八氯二丙醚	撤销已经批准的所有含有八氯二丙醚的农药产品登记；不得销售含有八氯二丙醚的农药产品	农业部公告第747号

附表3　限制使用农药名录（2017版）

限制规定	农业部公告
甲拌磷、甲基异柳磷、克百威、磷化铝、硫丹、氯化苦、灭多威、灭线磷、水胺硫磷、涕灭威、溴甲烷、氧乐果、百草枯、2，4-滴丁酯、C型肉毒梭菌毒素、D型肉毒梭菌毒素、氟鼠灵、敌鼠钠盐、杀鼠灵、杀鼠醚、溴敌隆、溴鼠灵（以上22种农药实行定点经营）、丁硫克百威、丁酰肼、毒死蜱、氟苯虫酰胺、氟虫腈、乐果、氰戊菊酯、三氯杀螨醇、三唑磷、乙酰甲胺磷	农业部公告第2567号

注：列入本名录的32种农药，标签应当标注“限制使用”字样，并注明使用的特别限制和特殊要求；用于食用农产品的，标签还应当标注安全间隔期。

主要参考文献

陈清，张福锁，2007. 蔬菜养分资源综合管理理论与实践［M］. 北京：中国农业大学出版社.

董向丽，王思芳，孙家隆，2013. 农药科学使用技术［M］. 北京：化学工业出版社.

高希武，郭艳春，王恒亮，等，2002. 新编实用农药手册［M］. 郑州：中原农民出版社.

姜远茂，彭福田，巨晓棠，2002. 果树施肥新技术［M］. 北京：中国农业出版社.

康伟伟，包增贵，宋子平，2016. 苹果科学施肥技术［M］. 北京：化学工业出版社.

李静，夏建国，2005. 氮、磷、钾与茶叶品质关系的研究综述［J］. 中国农学通报，21（1）：62-65.

李磊，2010. 不同肥料处理对茶树生长和茶叶品质的影响［D］. 泰安：山东农业大学.

李玲，2013. 植物生长调节剂应用手册［M］. 北京：化学工业出版社.

梁桂梅，2010. 农民安全科学使用农药必读［M］. 北京：化学工业出版社.

刘建，2010. 优质小麦高产高效栽培技术［M］. 北京：中国农业科学技术出版社.

刘建，2013. 优质水稻高产高效栽培技术［M］. 北京：中国农业科学技术出版社.

刘朋朋，严正娟，任珊露，等，2011. 果类蔬菜水溶性肥料配方选择与应用［J］. 中国蔬菜（22）：125-129.

陆景陵，2003. 植物营养学［M］. 2版. 北京：中国农业大学出版社.

骆耀平，2015. 茶树栽培学［M］. 北京：中国农业出版社.

吕文彦，杨青云，2011. 新编农药安全使用技术［M］. 北京：中国农业出版社.

马新民，2014. 农药使用技术问答［M］. 西安：陕西科学技术出版社.
彭显龙，刘元英，罗盛国，等，2006. 实地氮肥管理对寒地水稻干物质积累和产量的影响［J］. 中国农业科学（11）：2286－2293.
邵振润，闫晓静，2014. 杀菌剂科学使用指南［M］. 北京：中国农业出版社.
沈兆敏，刘焕东，2013. 柑橘营养与施肥［M］. 北京：中国农业出版社.
苏孔武，吴永华，诸葛天秋，2011. 苹果栽培学［M］. 北京：科学出版社.
孙家隆，2014. 现代农药应用技术丛书：杀菌剂卷［M］. 北京：化学工业出版社.
孙元峰，夏立，2009. 新农药应用技术［M］. 郑州：中原农民出版社.
吴文君，罗万春，2008. 农药学［M］. 北京：中国农业出版社.
徐汉虹，2007. 植物化学保护［M］. 北京：中国农业出版社.
徐映明，2009. 农药识别与施用方法［M］. 北京：金盾出版社.
杨向黎，张梅凤，2013. 新型农药无风险施用 100 条［M］. 北京：化学工业出版社.
游彩霞，高丁石，2010. 新农药与农作物病虫草害综合防治［M］. 北京：中国农业出版社.
袁会珠，2010. 农药安全使用知识［M］. 北京：中国劳动社会保障出版社.
袁会珠，2011. 农药使用技术指南［M］. 北京：化学工业出版社.
张福锁，2010. 测土配方施肥技术［M］. 北京：中国农业大学出版社.
张福锁，陈新平，陈清，等，2009. 中国主要作物施肥指南［M］. 北京：中国农业大学出版社.
张福锁，崔振岭，陈新平，2010. 最佳养分管理技术列单［M］. 北京：中国农业大学出版社.
张福锁，王激清，张卫峰，等，2008. 中国主要粮食作物肥料利用率现状与提高途径［J］. 土壤学报，45（5）：915－924.
钟天润，杨普云，2013. 降低农药使用风险培训指南［M］. 北京：中国农业出版社.